危险化学品企业应急能力建设系列

# 危险化学品事故应急
# 处 置 与 救 援

应急管理部化学品登记中心　编

应 急 管 理 出 版 社

·北　京·

# 内 容 提 要

为指导企业科学开展危险化学品事故的应急处置与救援工作，提高应急处置能力，特编写本书。本书设置危险化学品事故概述、危险化学品泄漏事故应急处置、危险化学品火灾爆炸事故应急处置、危险化学品事故现场急救、危险化学品环境污染的急救处置、危险化学品事故现场洗消、危险化学品事故应急救援辅助决策、危险化学品事故应急救援装备共八个章节。

本书为危险化学品事故的应急处置与救援提供了科学的方法，可作为危险化学品事故指挥员、消防指战员和其他应急处置人员的培训教材和工具书，也可作为危险化学品企业应急管理人员的参考资料。

# 编写人员名单

| | | | | |
|---|---|---|---|---|
| 袁纪武 | 赵永华 | 赵祥迪 | 王　正 | 马浩然 |
| 朱先俊 | 姜春雨 | 侯孝波 | 赵桂利 | 杨　帅 |
| 郑　毅 | 张日鹏 | 毛文峰 | 于学春 | 翟良云 |
| 李运才 | 牟桂芹 | 丁禄彬 | 曲开顺 | |

# 前　　言

　　中共中央办公厅、国务院办公厅印发的《关于全面加强危险化学品安全生产工作的意见》中明确提出："推进实施危险化学品事故应急指南，指导企业提高应急处置能力。"应急管理部印发了《危险化学品企业生产安全事故应急准备指南》（应急厅〔2019〕62号），旨在指导危险化学品企业强化生产安全事故应急准备，提高应急管理工作水平。应急处置与救援是危险化学品企业生产安全事故应急准备的关键要素，该要素能否准备到位，是及时、有效应对危险化学品事故的基础。

　　危险化学品事故具有发生突然、扩散迅速、持续时间长、涉及面广、多种危害并存、社会危害大等特点。发生危险化学品事故后，及时对事故发展态势进行科学研判，采取正确的应急处置措施，是有效控制事故、防止次生灾害发生、减少人员伤亡和财产损失、保护环境的关键。一旦救援不力，将造成严重的后果和影响，如2013年11月22日东黄输油管道黄岛区段发生泄漏，现场人员按照以往处置原油泄漏的做法、在没有建立警戒区并疏散公众的情况下，使用破碎锤打开与输油管道交叉处的暗渠预制板，在处置过程中产生火花，引发暗渠内油气爆炸，导致秦皇岛路、斋堂岛街约2000米长的市政暗渠发生爆炸，事故造成62人死亡、136人受伤，直接经济损失75172万元。

　　为指导企业科学开展危险化学品事故的应急处置与救援工作，提高应急处置能力，特编写本书。本书设置危险化学品事故概述、危险化学品泄漏事故应急处置、危险化学品火灾爆炸事故应急处置、危险化学品事故现场急救、危险化学品环境污染的急救处置、危险化学品事故现场洗消、危险化学品事故应急救援辅助决策、危险化学品事故应急救援装备共八个章节。

本书为危险化学品事故的应急处置与救援提供了科学的方法，可作为危险化学品事故指挥员、消防指战员和其他应急处置人员的培训教材和工具书，也可作为危险化学品企业应急管理人员的参考资料。

在本书编写过程中所引用的文献资料，在参考文献中尽可能予以体现，在此深表感谢。

由于时间仓促以及编写人员水平的限制，疏漏和错误之处在所难免，敬请各位读者批评指正。

编　者

2020 年 5 月

# 目　　　　录

# 第一章　危险化学品事故概述

化学工业是国民经济的重要支柱产业。2017 年、2018 年，我国化工行业主营收入分别为 8.7 万亿元和 7.0 万亿元，分别占 GDP 的 10.6% 和 7.8%。我国是化学品生产和使用大国，据不完全统计，我国危险化学品生产企业约 1.5万家、经营企业约 19.7 万家，目前已登记的危险化学品数量超过 2300 种纯物质、3 万种混合物。

危险化学品具有易燃、易爆、有毒、腐蚀等特性，在生产、经营、储存、运输、使用和废弃物处置过程中，如管理和防护不当，很容易发生事故，造成人员伤亡、财产损失和环境污染，甚至造成恶劣的社会影响。据统计，2018年全国共发生化工事故 176 起、死亡 223 人，同比减少 43 起、43 人，分别下降 19.6% 和 16.2%。其中危险化学品事故 78 起、死亡 144 人，分别占化工事故的 44.3% 和 64.6%。近些年，我国危险化学品事故呈现总体稳定且趋于下降的趋势，但重大事故仍呈多发势头。如 2017 年临沂金誉石化有限公司罐车泄漏爆炸着火事故，造成 10 人死亡、9 人受伤，直接经济损失 4468 万元；2017 年连云港聚鑫生物科技有限公司间二氯苯装置爆炸事故，造成 10 人死亡、1 人轻伤，直接经济损失 4875 万元；2018 年宜宾恒达科技有限公司爆炸事故，造成 19 人死亡、12 人受伤，直接经济损失 4142 余万元；2018 年河北张家口盛华化工公司氯乙烯泄漏爆燃事故，造成 24 人死亡、21 人受伤，直接经济损失 4148 余万元；2019 年天嘉宜化工有限公司硝化废料自燃爆炸事故，造成 78 人死亡、76 人重伤、640 人住院治疗，直接经济损失 19.86 余亿元。这些事故给人民的生命财产造成了重大损失，给人类的生存环境带来了巨大威胁，并在一定时期内对社会秩序造成重大影响。

在危险化学品事故应急救援过程中，能迅速了解和掌握危险化学品的危险特征，及时、正确地采取处置措施，对于防止事故的进一步扩大，减少人员伤亡、财产损失、环境污染至关重要。

# 第一节 危险化学品事故特征

## 一、危险化学品事故的概念

危险化学品事故是指危险化学品生产、经营、储存、运输、使用和废弃处置等过程中由危险化学品造成人员伤害、财产损失和环境污染的事故（矿山开采过程中发生的有毒有害气体中毒、爆炸事故、爆破事故除外）。

危险化学品事故的界定有两个基本条件，一是危险化学品发生了意外的、人们不希望的物理或化学变化；二是危险化学品的性质直接影响到事故形成的概率和事故后果，危险化学品的能量是事故中的主要能量。

危险化学品是指具有毒害、腐蚀、爆炸、燃烧、助燃等性质，对人体、设施、环境具有危害的剧毒化学品和其他化学品。

## 二、危险化学品事故的特点

危险化学品事故与其他事故相比具有以下突出特点。

1. 易发性

由于危险化学品固有的易燃、易爆、腐蚀、毒害等特性，加上生产装置长周期运行、生产工艺高温、高压等因素影响，导致危险化学品事故易发。据不完全统计，2018 年事故起数排前六位的危险化学品分别是一氧化碳、煤气、燃气、天然气、液化气、沼气，合计占所有危险化学品事故起数的 46.8%。

2. 突发性

危险化学品事故往往在没有明显先兆的情况下突然发生，在瞬间或短时间内就会造成重大的人员伤害和财产损失。

3. 严重性

危险化学品事故往往造成重大的人员伤亡和财产损失，特别是有毒气体大量意外泄漏的灾难性中毒事故以及易燃易爆气体、液体、固体的灾难性爆炸等事故，往往造成非常严重的事故后果。一个罐体的爆炸会造成整个罐区的连环爆炸，一个罐区的爆炸可能殃及生产装置，进而造成全厂性爆炸，如 1997 年6 月北京东方化工厂火灾爆炸事故。一些化工厂由于生产工艺的连续性，装置布置紧密，会在短时间内发生厂毁人亡的恶性爆炸，如江苏射阳一化工厂就发生过这样的爆炸。

4. 连锁性

许多危险化学品事故常常诱发出一连串的其他事故接连发生。一个设备或单元发生事故，影响到临近设备或单元，导致事故蔓延，引发次生或衍生事故。如果不加以控制或控制措施不得力，这些次生或衍生事故往往会导致更加严重的后果。如在火灾扑救过程中，消防废水没有得到有效地收集和控制，导致环境污染事故的发生。

5. 复杂性

危险化学品事故的发生原因具有不确定性和隐蔽性，事故可能是装备设施故障、人为操作、自然环境恶化等因素引起，甚至可能是政治因素（如区域战争）引起。危险化学品事故一般由多种因素耦合而导致，很难明确突发事件的事故原因，这就决定了突发事件的复杂性。例如，许多火灾、爆炸事故并不是简单由于泄漏的气体、液体引发，而往往是由腐蚀或化学反应引起的。

6. 延时性

危险化学品中毒的后果，有的在当时并没有明显地表现出来，而是在几个小时甚至几天以后严重起来。

7. 长期性

事故造成的后果往往在长时间内都得不到恢复，具有事故危害的长期性。有的事故造成人员中毒，常常会造成终生难以消除的后果，还可能对子孙后代造成严重的生理影响；有的事故对环境造成的污染极难消除，往往需要几十年的时间进行治理。如1976年7月意大利赛维索一家化工厂爆炸，爆炸所生成的剧毒化学品二噁英向周围扩散。这次事故使许多人中毒，附近居民被迫迁走，半径1.5 km范围内植物被铲除深埋，数公顷的土地均被铲掉几厘米厚的表土层。事隔多年后，当地居民的畸形儿出生率大为增加。

8. 社会性

危险化学品事故的危害不是孤立存在的，往往具有多米诺骨牌效应，可引发系列的次生衍生灾害，导致更加严重的社会危害和经济损失，威胁整个社会的安定团结。有的事故会在一定程度上对社会造成危害甚至是毁灭性的灾难，常常会给受害者、亲历者造成不亚于战争留下的创伤，在很长时间内都难以消除痛苦与恐怖。如我国开县井喷事故造成 243 人死亡，许多家庭都因此残缺破碎，生存者可能永远无法抚平心中的创伤。

9. 救援难度大，专业性强

救援现场通常存在高温、剧毒、爆炸等危险，同时受到风向、能见度、空间狭窄等不利因素影响，使得侦察、救人、灭火、堵漏、洗消等救援行动难度加大、风险增加。危险化学品事故演化过程中存在超出经验等复杂情况，致使应急救援人员常常处于未知、危险的环境中，因此要求现场指挥员、救援人员应具备一定的专业素养。

**三、危险化学品事故的影响**

危险化学品事故造成的影响主要表现为人员伤亡、经济损失与经济影响、服务中断、社会影响、环境和长期健康影响等 5 个方面。

1. 人员伤亡

很多危险化学品事故会造成一定数量的人员伤亡。据不完全统计，2018 年国内外共发生危险化学品事故 3520 起，其中 1050 起造成了人员伤亡，导致 780 人死亡、3455 人受伤。

人作为危险化学品事故的受体，受到的最直接的伤害是中毒、烧伤、灼伤、致残甚至死亡。现场作业人员、应急人员以及周边公众都可能受到危险化学品事故的伤害。

2. 经济损失与经济影响

危险化学品事故通常会造成一定的经济损失。经济损失分为直接经济损失和间接经济损失，一般所谓的经济损失是指直接经济损失。直接经济损失主要包括伤亡人员的医疗费用、善后处理费用、赔偿费用，厂房、设备、设施修复费用、原材料损失费用等。

危险化学品重大事故可能对地方和国家经济产生间接影响。由于危险化学品事故造成生产设施损坏、生态环境破坏，导致交通和边境封锁、国内外贸易订单取消与减少、投资与消费信心下降，影响经济增长和发展。

3. 服务中断

危险化学品事故可能造成通信、供排水、供电、供气、供热等基础设施破坏，导致生命线系统中断，导致社会因为服务功能中断而处于瘫痪状态，对救灾、恢复和人民生活将造成巨大影响。

4. 社会影响

危险化学品事故可能对社会秩序、社会心理和社会舆情产生间接影响，可能出现抢购生活物资的情况，公众可能产生恐慌和不安情绪，从而使社会安全感降低，个人心理压力上升。危险化学品事故发生后，社交网络上一般会出现放大灾情的舆论，可能会导致其他负面社会影响，甚至产生比事故本身更严重的后果。

5. 环境和长期健康影响

危险化学品事故可能造成环境污染与破坏，对人体健康和生态环境存在严重危害。而且这种危害具有长期性和潜伏性，在多年之后仍然可能产生，有些甚至直接导致了中毒事故和环境污染事故。

短期可能造成污染区域内的农作物、植物大面积死亡，可能造成受到污染的江、河、湖泊等表面水体的鱼类等水生生物大量死亡。长期影响表现为以下几方面。

（1）大气污染物随降雨、降雪重入地表环境，进而对植物、动物、人类造成影响。

（2）土壤污染物一方面可能造成土壤酸化、土壤碱化、土壤板结等，由此严重影响农作物的生长，导致农作物减产；另一方面可能污染地下水，直接对植物、动物、人类造成影响，或者通过影响水生环境、水生生物，进一步通过食物链对人类造成影响。

（3）水体污染物主要影响水生生物和水体环境。重金属、砷化合物、农药、酚类、石油类、氧化物等污染水体，可在水中生物体内富集，导致鱼类等水生生物死亡或通过食物链对人类健康造成影响。水体污染物使水中养分过多，藻类大量繁殖，发生浒苔、赤潮等现象。

**四、危险化学品事故的发生机理**

危险化学品事故最常见的模式是危险化学品发生泄漏，发展为火灾、爆炸、中毒等事故，造成人员伤亡、财产损失、环境破坏等后果。按照事故中是否有危险化学品泄漏，危险化学品事故的发生机理分为两大类。

1. 危险化学品泄漏

（1）易燃易爆化学品→泄漏→遇到火源→火灾或爆炸→人员伤亡、财产损失、环境破坏等。

（2）有毒化学品→泄漏→急性中毒或慢性中毒→人员伤亡、财产损失、环境破坏等。

（3）腐蚀品→泄漏→腐蚀→人员伤亡、财产损失、环境破坏等。

（4）压缩气体或液化气体→物理爆炸→易燃易爆、有毒化学品泄漏。

（5）危险化学品→泄漏→没有发生变化→财产损失、环境破坏等。

2. 危险化学品没有发生泄漏

（1）生产装置中的化学品→反应失控→爆炸→人员伤亡、财产损失、环境破坏等。

（2）爆炸品→受到撞击、摩擦或遇到火源等→爆炸→人员伤亡、财产损失等。

（3）易燃易爆化学品→遇到火源→火灾、爆炸或放出有毒气体或烟雾→人员伤亡、财产损失、环境破坏等。

（4）有毒有害化学品→与人体接触→腐蚀或中毒→人员伤亡、财产损失。

# 第二节　危险化学品事故分类与响应分级

## 一、危险化学品事故的分类

危险化学品事故发生的过程往往是很复杂的，有时候一种事故可由几种致灾因子引起，或者一种致灾因子会同时引起好几种不同的事故灾害。这时，事故类型的确定就要根据起主导作用的致灾因子和其主要表现形式而定。

依据事故伤害方式，可将危险化学品事故大体上划分为六大类：危险化学品火灾事故，危险化学品爆炸事故，危险化学品中毒和窒息事故，危险化学品灼伤事故，危险化学品泄漏事故，其他危险化学品事故。

1. 危险化学品火灾事故

易燃易爆的气体、液体、固体泄漏后，一旦遇到助燃物和点火源就会被点燃引发火灾。火灾对人的影响方式主要是暴露于热辐射所致的皮肤烧伤。烧伤程度取决于热力强度和暴露时间。热辐射强度与热源的距离平方成反比。一般说来，在大约 5 s 时间内，皮肤的耐热能力为 10 kW/m²，在 0.4 s 内为 30 kW/m²。超过此时间，才感到疼痛。

火灾时另一个需要注意的致命影响是燃烧过程中空气氧量的耗尽和火灾产生的有毒烟气，引起附近人员的中毒和窒息，室内火灾时最为严重。

**2. 危险化学品爆炸事故**

危险化学品爆炸事故是指危险化学品发生化学反应的爆炸事故或液化气体和压缩气体的物理爆炸事故。爆炸的特征是能够产生冲击波。冲击波的作用可因爆炸物质的性质和数量以及蒸气云封闭程度、周边环境而变化。冲击波对人直接造成伤害的压力为 5~10 kPa（只有在较高的超压下出现死亡），造成厂房倒塌、门窗破坏的最低压力为 3~10 kPa。冲击波的压力将随距爆炸源的距离增加而迅速降低。例如，一只装有 50 t 丙烷的储罐，其爆炸压力在 250 m 处为 14 kPa，而在 500 m 处仅为 5 kPa。

常见的危险化学品爆炸可分为以下几类。

（1）气体与粉尘爆炸。气体或蒸气云爆炸是由于泄漏的气体或者泄漏出的易燃液体蒸发为蒸气，并与周围大气混合形成可燃混合物，在大气中扩散，形成大面积的可燃气云团，一旦遇到点火源，此云团即发生爆炸。粉尘爆炸发生在可燃固体物质与空气强烈混合时，分散的固体物质呈粉状，其颗粒极细，在点火源存在或在助燃性气体（空气）中搅拌和流动，就可能发生爆炸。粉尘爆炸扬起的粉尘与空气混合的结果是极易发生二次爆炸、三次爆炸等。

（2）沸腾液体扩展蒸气爆炸。沸腾液体扩展蒸气爆炸是指处于过热状态的水、有机液体、液化气体等瞬时气化而产生的爆炸现象。此种气云被点燃时，极易出现火球，在几秒钟内形成巨大的热辐射强度。它足以使在容器几百米以内的人员皮肤严重烧伤或致死，这取决于燃烧的气体量。容器爆炸最高压力一般较高，可达几百个千帕，有碎片和爆炸波产生，与爆炸产生的火球的热辐射相比，它们的危害同样不可以忽略。

（3）物理爆炸。主要是由装置或设备物理变化引起的爆炸，如液化气体、压缩气体超压引起的爆炸。

**3. 危险化学品中毒和窒息事故**

危险化学品中毒和窒息事故主要指因吸入、食入或接触有毒有害化学品或者化学品反应的产物而导致的人体伤害。这些伤害主要包括刺激、过敏、窒

7

息、麻醉、全身中毒、致癌、致畸、致突变等。有毒化学品对人体的伤害程度取决于毒物的性质、毒物的浓度、人员与毒物接触的时间等因素。

（1）刺激。有毒化学品对人体的刺激危害主要包括皮肤刺激、眼睛刺激和呼吸系统刺激。有些有毒化学品对人体的皮肤有明显的刺激作用，可引起皮肤干燥、粗糙、皲裂、疼痛、甚至引起皮炎。有些气体、固体粉末或液体蒸气对眼睛有很强的刺激作用，引起眼睛怕光、流泪、充血、疼痛，甚至引起角膜混浊，视力模糊等，如氨气、氯气、二氧化硫等。有些气体、固体粉末或液体蒸气对呼吸道有明显刺激作用，导致咽喉辛辣感、咳嗽、流涕，严重时可引起气管炎、支气管炎，甚至发生肺水肿，造成呼吸困难、气短、缺氧，泡沫痰等。

（2）过敏。接触某些化学品可引起过敏。能够引起过敏反应的化学品致敏源很多，如环氧树脂、胺类硬化剂、偶氮染料、煤焦油衍生物等。过敏反应根据反应发生的速度不同，可分为速发型和迟发型两类。速发型，在接触化学品致敏源后立即发病。迟发型，一般在接触致敏源 $1 \sim 2$ 天后开始发病。过敏反应发病表现也各有不同，有的表现为过敏性皮炎，皮肤出现皮疹、水泡等；有的为职业性哮喘，表现为咳嗽、呼吸困难、呼吸短促，尤以夜间为重，引起这种反应的化学品常见的有甲苯、聚氨酯、甲醛等。

（3）窒息。窒息是机体内缺氧或组织不能利用氧而致组织氧化过程不能正常进行的表现。危险化学品所导致的窒息分为单纯窒息、血液窒息和细胞内窒息：

①单纯窒息。这种情况是由于周围大气中氧气被泄漏的气体（如氮气、乙烷、氢气或氦气等）所代替，氧气含量严重下降，以致不能维持生命的继续。一般情况下，空气中含氧为 21%。当空气中氧浓度下降到 17% 以下时，机体组织供氧不足，就会出现头晕、恶心、调节功能紊乱等症状，缺氧严重时导致昏迷，甚至死亡。

②血液窒息。这种情况是由于危险化学品进入机体后，与血液中红细胞内的血红蛋白作用，改变了血红蛋白的性质，致使血红蛋白失去携氧能力。如一氧化碳吸入人体后，使血红蛋白变成碳氧血红蛋白；苯胺进入人体后，使血红蛋白变成高铁血红蛋白。这些变性血红蛋白失去携氧能力，致使机体严重缺氧。

③细胞内窒息。这种情况是由于某些危险化学品进入机体后，能抑制细

胞内的某些酶的活性，如氰化物能抑制细胞色素氧化酶的活性，致使细胞不能利用氧。尽管血液中含有充足的氧，但细胞内的氧化过程不能正常进行而发生窒息症状。

（4）致麻醉作用。许多有机化学品有致麻醉作用，如乙醇、丙醇、丁酮、丙酮、乙炔、乙醚、异丙醚等都会导致中枢神经抑制。这些化学品有类似醉酒的作用，若一次大量接触，可导致昏迷甚至死亡。

（5）致全身中毒。人体是由许多系统组成的，有些化学物质进入人体后，不仅对某个器官或某个系统产生危害，而且危害会扩展到全身，致全身多系统或各系统都出现中毒现象。

（6）致癌。某些化学物质进入人体后，可引起体内特定器官的细胞无节制地生长，形成恶性肿瘤，又称癌。这些肿瘤可能在接触化学物质以后许多年才表现出来，潜伏期一般为4~40年。目前我国法定的职业性肿瘤有8种，如联苯胺所致膀胱癌、苯所致白血病等。

（7）致畸。接触某些化学物质可能对未出生的胎儿造成危害，干扰胎儿的正常发育，尤其在怀孕的前3个月，心、脑、胳膊和腿等重要器官正在发育。研究表明，化学物质可能干扰正常的细胞分裂过程而形成畸形，如麻醉性气体、汞、有机溶剂等可致胎儿畸形。

（8）致突变。某些化学品可能对人体的遗传基因产生影响，导致其后代发生异常。实验表明，80%~85%的致癌物同时具有致突变性。

4. 危险化学品灼伤事故

危险化学品灼伤事故主要指腐蚀性危险化学品意外地与人体接触，在短时间内即在人体被接触表面发生化学反应，造成明显破坏的事故。

化学品灼伤与物理灼伤（如火焰烧伤、高温固体或液体烫伤等）不同。物理灼伤是高温造成的伤害，致使人体立即感到强烈的疼痛，人体肌肤会本能地立即避开。化学品灼伤有一个化学反应过程，开始并不感到疼痛，要经过几分钟、几小时甚至几天才表现出严重的伤害，并且伤害还会不断地加深。因此化学品灼伤比物理灼伤危害更大。

5. 危险化学品泄漏事故

危险化学品泄漏事故主要是指气体或液体危险化学品发生了一定规模的泄漏，虽然没有发展成为火灾、爆炸或中毒事故，但造成了一定的财产损失或环境污染等后果的危险化学品事故。危险化学品泄漏事故一旦失控，往往造成重大火灾、爆炸或中毒事故。

6. 其他危险化学品事故

其他危险化学品事故指不能归入上述五类的危险化学品事故，主要指危险化学品的险肇事故，即危险化学品发生了人们不希望的意外事件，如危险化学品罐体倾倒、车辆倾覆等，但没有发生火灾、爆炸、中毒和窒息、灼伤、泄漏等事故。

## 二、危险化学品事故的响应分级

按照危险化学品事故造成的人员伤亡、经济损失和影响大小，危险化学品事故分为特别重大事故、重大事故、较大事故、一般事故 4 个等级。

按照危险化学品事故的可控性、严重程度和影响范围，将危险化学品事故应急响应分为 Ⅰ 级（特别重大事故）响应、Ⅱ 级（重大事故）响应、Ⅲ 级（较大事故）响应、Ⅳ 级（一般事故）响应 4 个级别。

发生危险化学品事故后，已经造成的事故影响或经过研判可能造成的事故影响达到各级应急响应的启动条件时，应及时启动相应级别的应急响应。

1. Ⅰ 级响应启动条件

事故已经严重危及周边社区、居民的生命财产安全，造成或可能造成 30 人以上死亡、或 100 人以上中毒、或疏散转移 10 万人以上、或 1 亿元以上直接经济损失、或特别重大社会影响，事故事态发展严重，且亟待外部力量应急救援等。

2. Ⅱ 级响应启动条件

事故已经危及周边社区、居民的生命财产安全，造成或可能造成 10~29 人死亡、或 50~100 人中毒、或 5000 万~10000 万元直接经济损失、或重大社会影响等。

3. Ⅲ 级响应启动条件

事故已经危及周边社区、居民的生命财产安全，造成或可能造成 3~9 人死亡、或 30~50 人中毒、或直接经济损失较大、或较大社会影响等。

4. Ⅳ 级响应启动条件

事故已经危及周边社区、居民的生命财产安全，造成或可能造成 3 人以下死亡、或 30 人以下中毒、或一定社会影响等。

## 第三节　危险化学品事故应急处置的原则与程序

危险化学品事故应急处置是指在危险化学品事故发生后为及时控制事故源，抢救受害人员，指导群众防护和组织撤离，消除危害后果而采取的措施。

**一、危险化学品事故应急处置的基本原则**

在进行危险化学品事故应急处置时，应遵循以下原则。

1. 坚持以人为本原则

（1）在危险化学品事故应急处置中应在第一时间救援受伤人员，最大限度减少人员伤亡。

（2）贯彻先自救、再互救原则，进入事故现场参加侦检、救人、抢险等任务的应急人员应佩戴合适的个体防护装备，保证自身安全。

（3）在不清楚事故现场情况时，应采取有限参与原则，避免不必要的人员伤亡。

2. 坚持环境保护原则

（1）处置危险化学品事故的同时，要防止发生次生、衍生环境污染事故。

（2）事故应急处置完毕要对事故污染区、污染装备和人员进行洗消。

（3）事故应急处置产生的废弃物、消防废水要回收处理。

3. 坚持统一指挥原则

危险化学品事故应急处置是一项涉及面广、专业性很强的工作，常常需要公安、消防、交通、安监、环保、卫生等部门密切配合，协同作战。形成统一的指挥，把各方面力量进行整合，有效地实施应急救援，是成功处置危险化学品事故的前提。

4. 进入事故现场应注意事项

（1）应从上风、上坡处接近现场，严禁盲目进入。

（2）执行任务时严禁单兵作战，要根据实际情况，派遣协作人员和监护人，必要时用水枪、水炮进行掩护。

（3）处于不同区域的应急人员应配备相应级别的个体防护装备。

5. 事故处置应采取先进行有效控制、再进行处置原则

尽可能做到以快制快，力争在最短的时间内将事故控制在较小的范围。

6. 新闻发布原则

新闻发布应遵守国家法律法规，坚持实事求是、客观公正、内容翔实、及时准确、把握重点的原则。

## 二、危险化学品事故应急处置的基本程序

1. 事故报警与接警

事故报警与接警的及时与准确是能否有效控制事故的关键。

（1）事故报警。当发生危险化学品事故时，如果是企业基层的员工发现事故，应根据应急预案采取积极有效的抑制措施，同时向有关部门报告和报警；如果是其他人员发现事故，应第一时间离开危险区，到达安全区域后报警。

（2）事故接警。危险化学品企业应设立应急值班电话，并保证24小时有人值守。值班人员接警时应明确发生事故的单位名称、地址、危险化学品种类、事故简要情况、人员伤亡情况等信息。

2. 了解事故基本情况

应急救援人员到达事故现场后，不要盲目进入危险区，应首先询问、了解事故的基本情况，为后续开展应急救援行动提供重要信息和依据。了解的信息主要包括以下几方面。

（1）事故类型。了解具体发生了什么事故，是泄漏事故，还是火灾爆炸事故，以及事故发生的大概时间。

（2）事故引发物质。了解事故引发物质的名称、状态、数量、主要危险性等信息。

（3）事故的简要经过。了解发生事故的单位、装置或设备以及事故发生、演变过程等。

（4）已经采取的措施。了解事故发生后已经采取了哪些处置措施，效果如何。

（5）被困人员情况。了解有无人员受困，确定是否需要医疗部门援助。

（6）周围环境。了解周边单位、居民、地形、电源、火源、水源等情况。

（7）企业救援力量。了解企业自身的救援力量，以及处置事故还需要哪些救援力量。

3. 事故现场部署

根据了解的事故基本情况，判断事故处置需要的救援力量，迅速调集各应急救援队伍到事故现场。

（1）依据事故情况确定现场处置方案，调集救援力量，携带专用器材，分配救援任务，下达救援指令。

（2）根据需要配备适当的侦检器材，如可燃气体检测仪、智能气体侦检仪等；配齐呼吸防护器具，保证进入危险区的人员人均一具；配备适当的防护服装，如抢险救援服、防化服、避火服等；调集必要的特种工具，如堵漏器具、破拆器具等；消防车辆的调集应根据危险化学品的性质，如易燃气体事故应调用水罐消防车、干粉消防车、二氧化碳消防车；易燃液体事故应调用水罐消防车、泡沫消防车和干粉消防车；对于遇水燃烧或爆炸物质火灾，应携带专用的灭火器材，如金属灭火器具，水、泡沫均不能用于灭火。

（3）消防车辆和人员到达现场时，不要盲目进入危险区，应先将力量部署在外围，尽量部署在上风或侧上风处，并在安全位置建立指挥部。消防车辆不应停靠在工艺管线或高压线下方，不要靠近危险建筑，车头应朝向撤退方向，占据消防水源，充分利用地形、地物作掩护设置水枪阵地。

4. 现场侦察与检测

现场侦察与检测是危险化学品事故现场处置的重要环节，及时准确地查明事故现场的情况，是有效处置危险化学品事故的前提条件。

现场侦检的目的是探明事故情况、掌握危险化学品的种类、浓度及其分布。危险化学品的侦检一般在情况不明又十分紧迫时，以定性查明化学品的品种为主。只有准确知道是哪种危险化学品时，才能有效地对危险化学品事故进行处置。在确定如何救援时，则要重视定量分析的结果，准确定量才能使采取的现场处置措施更可靠与完善。

5. 建立警戒区和控制区

通过侦检初步摸清事故情况后，接下来要做的就是建立警戒区和控制区，为随后要采取的人员疏散和事故控制行动提供依据。

（1）建立警戒区。根据侦检情况确定警戒区的边界，建立警戒区。一般根据危险化学品泄漏的扩散情况、火焰辐射热、爆炸所涉及到的范围建立警戒区，并在通往事故现场的主要干道上实行交通管制。对于泄漏事故，易燃气体、蒸气是以下风方向 25% 爆炸下限浓度为扩散区域的边界；有毒气体、蒸气是以立即致死浓度值（IDLH）作为泄漏发生后最初 30 min 内的急性中毒区的边界。在初到现场、已知危险化学品种类、还未取得现场危险化学品浓度检测值时，可参考《危险化学品应急处置手册》建立警戒。

建立警戒区时，警戒区的边界应设警示标志，并有专人警戒，在通往事故现场的主要干道上应实行交通管制。除应急人员以及必须坚守岗位的人员外，其他人员禁止进入警戒区。易燃危险化学品泄漏时，警戒区内应消除点火源。

（2）建立控制区。应急人员到达现场后，应迅速根据现场情况，确定应急处置人员、洗消人员和指挥人员所处的区域，通常分为热区、暖区和冷区，并明确不同区域人员承担的任务，以利于应急行动和有效控制设备进出，并且能够统计进出事故现场的人员。

热区是最接近危险化学品现场的区域，以现场侦测危险化学品浓度值高于 1/2 IDLH 值为其边界。只有受过正规训练和有特殊装备的应急人员才能够在这个区域作业。所有进入这个区域的人员应在安全人员和指挥员的控制下工作，还应设定一个可以在紧急情况下得到后援人员帮助的紧急入口。该区也称为红区、排斥区或限制区。

暖区紧邻热区，是进行人员和设备洗消及对热区实施支援的区域，以现场侦测危险化学品浓度值高于时间加权平均阈限值（TWA）为其边界。该区域设有进入热区的通道入口控制点，其功能是减少污染物的传播扩散。只有受过训练的净化人员和安全人员才可以在该区工作。净化工作非常重要，排除污染的方法应与所污染的物质相匹配。该区也称为黄区、洗消区、除污区或限制进入区。

冷区紧邻暖区，现场侦测危险化学品浓度值低于 TWA 值。冷区内设有指挥部，并具有一些必要的控制事故的功能。该区域是安全的，只有应急人员和必要的专家才能在这个区域。该区也称为绿区、支援区或清洁区。

6. 应急人员的个体防护

在危险化学品事故应急处置过程中，应急人员应在第一时间控制危险源、抢救遇险人员，做好应急人员的个体防护成为保护应急人员生命安全与健康的关键措施。首先应根据危险化学品事故的特点、事故中涉及危险化学品的危险性，评估事故对不同区域应急人员的危害性，确定不同区域应急人员需要的个体防护等级，再根据可利用的个体防护装备，为承担不同任务的应急人员配备合适的个体防护装备。目前在我国主要有两种个体防护分级系统在应用。

（1）我国消防系统。我国消防系统根据化学品的毒性或燃烧时产生的气体的毒性及划定的危险区域，确定相应的防护等级，见表1-1。《消防员化学防护服装》（GA 770—2008）将消防员化学防护服装分为二级，见表1-2。在处置泄漏、未着火的危险化学品事故时，可以按照表1-1、表1-2选择一级、二级防护装备，三级防护装备采用简易防化服、配合简易滤毒罐、面罩或口罩、毛巾等防护器材。在处置危险化学品火灾事故时，防护标准见表1-3。

表1-1　个体防护等级表

| 防护毒性等级 | 重度危险区 | 中度危险区 | 轻度危险区 |
|---|---|---|---|
| 剧毒 | 一级 | 一级 | 二级 |
| 高毒 | 一级 | 一级 | 二级 |
| 中毒 | 一级 | 二级 | 二级 |
| 低毒 | 二级 | 三级 | 三级 |

表1-2　消防员化学防护服装表

| 级别 | 形　式 | 防化服 | 配合使用器材 | 颜色 |
|---|---|---|---|---|
| 一级化学防护服装 | 全密封连体式结构 | 由带大视窗的连体头罩、化学防护服、正压式消防空气呼吸器背囊、化学防护靴、化学防护手套等组成 | 同正压式消防空气呼吸器、冷却装置、消防员呼救器及通信器材等设备配合使用 | 黄色 |
| 二级化学防护服装 | 连体式结构，且保证完全覆盖使用者，也可采用一级防护服的结构 | 一般由化学防护头罩、化学防护服、化学防护手套构成 | 与外置式正压式消防空气呼吸器配合使用 | 红色 |

表1-3 火灾时的防护标准表

| 级别 | 形式 | 防化服 | 防护面具 |
|---|---|---|---|
| 一级 | 全密封连体式结构 | 内置式重型防火服 | 正压式空气呼吸器或全防型滤毒罐 |
| 二级 | 连体式结构，且保证完全覆盖使用者，也可采用一级防护服的结构 | 隔热服 | 正压式空气呼吸器或全防型滤毒罐 |
| 三级 | 呼吸 | 战斗服 | 简易滤毒罐、面罩或口罩、毛巾等防护器材 |

（2）美国消防协会。美国消防协会发布的标准《Recommended Practice for Responding to Hazardous Materials Incidents》（NFPA 471）按照提供的防护等级将个体防护装备分为 A、B、C、D 4 个级别，并规定了每个级别能提供的防护、包含的器材及适用场合，见表1-4。

表1-4 美国消费协会的个体防护级别表

| 级别 | 提供的防护 | 包括的器材 | 适用场合 |
|---|---|---|---|
| A 级 | 最高级别的呼吸、皮肤保护 | 包括正压自给式呼吸器、蒸气防护服、内层和外层化学防护手套、化学防护靴、头盔、双路无线电通信设备等 | 测得（或可能）存在高浓度蒸气、气体、粉尘环境，极有可能意外溅到、浸入或暴露于蒸气、气体和粉尘，对皮肤造成损伤或能通过皮肤吸收；存在对皮肤有高度危害的物质，且在工作中皮肤可能接触到；作业环境通风差，需要 A 级防护 |
| B 级 | 呼吸防护与 A 级相同，皮肤防护稍差 | 包括正压自给式呼吸器、全身防化服（或防化学喷溅防护服）、内层和外层化学防护手套、化学防护靴、头盔、双路无线电通信设备等 | 接触物质的性质和浓度已知，要求高级别的呼吸防护，但皮肤防护要求相对较低；空气中的氧含量低于 19.5%；仪器检测到有蒸气和气体存在，但知道蒸气和气体不会对皮肤造成严重的伤害，也不会经皮肤吸收；存在液体和固体物质，不会对皮肤造成严重的伤害，也不会经皮肤吸收 |

表1-4（续）

| 级别 | 提供的防护 | 包括的器材 | 适用场合 |
|---|---|---|---|
| C级 | 皮肤防护同B级，低级别的呼吸防护 | 包括全面罩过滤式空气呼吸器、化学防护服、内层和外层化学防护手套、化学防护靴、头盔、双路无线电通信设备等 | 空气中的污染物种类和浓度已知，过滤式空气呼吸器能消除污染物；空气中的污染物浓度低于IDLH值，且氧含量不低于19.5% |
| D级 | 无呼吸防护，最低皮肤防护 | 包括连体服、化学防护手套、化学防护靴、安全眼镜或眼罩、头盔等 | 空气中不存在已知的危险化学品；工作中不存在危险化学品飞溅、浸泡或其他可能吸入或接触危险化学品的可能 |

7. 公众的安全防护

危险化学品事故发生后，现场工作人员和周边群众可能受到生命威胁。现场指挥员应根据事故发展情况，迅速做出是否需要人员避难的指示。人员避难工作的成败有时可能直接关系到整个事故处理的成败。

人员避难包括疏散和就地保护两种方式。疏散是指把所有可能受到威胁的人员从危险区域转移到安全区域。在有足够的时间向群众报警、进行准备的情况下，疏散是最佳保护措施。一般是从上风侧离开，必须有组织、有秩序地进行。就地保护是指人进入建筑物或其他设施内，直至危险过去。当疏散比就地保护更危险或疏散无法进行时，采取此项措施。指挥建筑物内的人，关闭所有门窗，并关闭所有通风、加热、冷却系统。

就地保护方式只可以在紧急时刻为受灾人员提供一个相对直接暴露于受污染空气中而言的"清洁空间"。每小时建筑物内、外空气中有毒物质的浓度比（渗透率）是衡量就地保护方式有效性的一个重要指标。试验表明，在泄漏源上风侧的建筑物，室内的有毒气体浓度约为室外有毒气体浓度的1/10；而在下风侧的建筑物，室内的有毒气体浓度约为室外有毒气体浓度的1/20。当建筑物的门窗用胶条密封时，在上、下风侧的建筑物内的有毒气体浓度较室外分别降低1/30和1/50。显然，就地保护可以使建筑物内的浓度大大降低。从而减低人们遭受有毒物质伤害的程度。

在欧洲的大部分国家，受灾区域的公众采取就地保护的方式已经成为重大事故应急的必经步骤。例如，在瑞典，当重复的短笛报警声响起之后，该区域的公众就会迅速、自觉地进入建筑物内，关闭所有的门窗和通风系统，并将收音机调至一个固定的频道接收进一步的指示。美国的大部分州则采取截然相反的疏散方式，通常是指挥公众从危险区域中疏散。我国目前在避难方式的选择上没有明确的说法，一般采取疏散的方式。

美国国家化学研究中心认为，泄漏的化学物质特性、公众的素质、当时的气象状况、应急资源、通信状况、允许疏散时间的长短等因素影响重大事故时应急避难方式选择。

8. 现场控制

为了减少危险化学品事故对生命和环境的危害，在事故发生的初期应采取一些简单有效的控制措施和遏制行动，通过对危险化学品的有效回收和处置将其对环境或生命的危害降至最低，防止事故扩大，保证能够有效地完成恢复和处理行动。

（1）泄漏事故应急处置要点：

① 确定泄漏源的周围环境（环境功能区、人口密度等）；

② 确定是否已有泄漏物质进入大气、附近水源、下水道等场所；

③ 明确周围区域存在的重大危险源分布情况；

④ 确定泄漏时间或预计持续时间；

⑤ 估算泄漏量；

⑥ 当时及后续的气象信息；

⑦ 预测泄漏扩散趋势；

⑧ 明确泄漏可能导致的后果（泄漏是否可能引起火灾、爆炸、中毒等）；

⑨ 明确泄漏危及周围环境的可能性；

⑩ 确定可采取的主要控制措施（堵漏、工程抢险、人员疏散、医疗救护等）；

⑪ 需要调动的应急救援力量（消防特勤部队、企业救援队伍、防化兵部队等）。

（2）火灾事故应急处置要点：

① 确定火灾扑救的基本方法；

② 确定火灾可能导致的后果（含火灾与爆炸伴随发生的可能性）；

③ 确定火灾可能导致的后果对周围区域的影响规模和程度；

④确定可采取的主要控制措施（控制火灾蔓延、人员疏散、医疗救护等）；

⑤需要调动的应急救援力量（公安消防队伍、企业消防队伍等）。

（3）爆炸事故应急处置要点：

①确定爆炸可能导致的后果（如火灾、二次爆炸等）；

②确定可采取的主要控制措施（再次爆炸控制手段、工程抢险、人员疏散、医疗救护等）；

③需要调动的应急救援力量（公安消防队伍、企业消防队伍等）。

9. 受伤人员现场救护、救治

危险化学品事故可能造成中毒、窒息、冻伤、化学灼伤、烧伤等人体伤害。在应急处置行动中，及时、有序、有效地实施现场急救和安全转送伤员、医疗救治，可以最大限度地减少人员伤亡。受伤人员的现场急救详见第四章。

10. 现场清理和洗消

对事故外溢和事故处置过程中产生的有毒有害物质，应及时组织予以清理和洗消，消除危害后果，防止继发火灾爆炸、人员伤害、环境污染等次生衍生灾害。

（1）现场清理。危险化学品事故现场清理一般在事故得到完全控制后进行。开始现场清理前，应对各项工作面临的危险进行分析，对可能遇到的情况有恰当的判断，并制定现场清理方案，尽可能降低发生二次事故的可能性。事故现场清理包括但不限于以下工作：

①彻底清除事故现场各处残留的有毒有害气体；

②对泄漏的液体、固体统一收集处理；

③对污染地面进行彻底清洗，确保不留残液；

④监测空气、土壤、水体污染情况，若出现污染，应及时采取相应的处置措施。

（2）洗消。在危险化学品事故应急处置与救援中，参与行动的应急人员、设备和一般公众都有可能受到污染。污染物不仅对被污染的人员造成威胁，而且对随后与被污染的人员和设备接触的其他人员同样存在威胁。洗消的目的是避免污染传播。因此，应针对洗消的各个阶段制定详细的程序，并严格执行。

整个洗消过程应在暖区和洗消走廊完成，减少和防止热区以外的其他人员、设备被污染。通常根据现场危险化学品的类型、危害程度、应急人员受到危害的可能性等信息，确定洗消的程度。如果防护器材受到污染，应针对相应的化学物质采用合适的洗消方法。洗消作业应在抵达现场后立即开始，且应提供足够的洗消点和人员，直到事故指挥员确认不再需要洗消时才能结束。洗消产生的污水应集中净化处理，严禁直接外排。危险化学品事故现场洗消详见第六章。

# 第二章 危险化学品泄漏事故
# 应 急 处 置

从以往发生事故的统计情况看，几乎所有重大灾害性事故都与危险化学品泄漏有关。泄漏事故发生后，一旦处置不当或不及时，很容易演变成火灾事故、爆炸事故、中毒事故，如 1991 年江西省上饶县沙溪镇一甲胺罐车泄漏导致的特大中毒事故、2004 年重庆某化工总厂氯气泄漏导致的爆炸事故、2018 年河北某化工有限公司氯乙烯泄漏导致的燃爆事故等。因此，在泄漏事故发生后，能否及时采取正确的处置措施就显得尤为重要。

## 第一节 泄漏事故概述

危险化学品泄漏事故是指盛装危险化学品的容器、管道或装置，在各种内外因素的作用下，其密闭性受到不同程度的破坏，导致危险化学品非正常地向外泄放、渗漏的现象。危险化学品泄漏事故区别于正常的跑冒滴漏现象，直接原因是在密闭体中形成了泄漏通道和泄漏体内外存在压力差。危险化学品泄漏事故应急处置的关键是泄漏源控制和泄漏物控制。

### 一、泄漏事故后果分析

化学品固有的危险性决定了其泄漏后的表现，决定化学品表现的首要因素是化学品的状态和基本性质，其次是环境条件。按照状态化学品通常分为气体（包括压缩气体）、液体（包括常温常压液体、液化气体、低温液体）和固体。决定化学品表现的基本性质包括温度、压力、易燃性、毒性、挥发性、相对密度等性质。一旦发生化学品泄漏事故，其不同的性质决定了不同的事故后果。

21

1. 气体

气体泄漏后将扩散到周围环境，并随风扩散。可燃气体泄漏后与空气混合达到燃烧/爆炸极限，遇到引火源就会发生燃烧或爆炸。发火时间是影响泄漏后果的关键因素，如果可燃气体泄漏后立即发火，影响范围较小；如果可燃气体泄漏后与周围空气混合形成可燃云团，遇到引火源发生爆燃或爆炸（滞后发火），破坏范围较大。有毒气体泄漏后形成云团在空气中扩散，直接影响现场人员并可能波及居民区。扩散区域内的人、牲畜、植物都将受到有毒气体的侵害，并可能带来严重的人员伤亡和环境污染。在水中溶解的气体将对水生生物和水源造成威胁。气体的扩散区域以及浓度的大小取决于下列因素。

（1）泄漏量。一般来说，泄漏量越大，危害区域就越广，造成的后果也就越严重。

（2）气象条件。如温度、光照强度、风向、风速等。地形或建筑物将影响风向及大气稳定度，风速和风向通常是变化的，变化的风将增大危害区域及事故的复杂性。

（3）相对密度。比空气轻的气体泄出后将向上漂移并扩散；比空气重的气体泄出后将向地面漂移，维持较高的浓度，聚集在低凹处。

（4）泄漏源高度。泄漏点的高、低位置，气体的密度是高于、低于还是等于空气的密度，对污染物的地面浓度将产生很大的影响。

（5）溶解度。气体在水中的溶解度决定了其在水中的表现，如果溶解度≤10%，泄入水中的气体会立即蒸发；如果溶解度>10%，泄入水中的气体立即蒸发并有部分溶解。

2. 液体

工业化学品大多数是液体。液体泄漏到陆地上，将流向附近的低凹区域或沿斜坡向下流动，可能流入下水道、排洪沟等限制性空间，也可能流入水体。在水路运输中发生泄漏，液体可能直接泄入水体。液体泄漏后可能污染泥土、地下水、地表水和大气。可燃液体蒸气与空气混合达到燃烧/爆炸极限，遇到引火源就会发生池火。有毒蒸气随风扩散，并对扩散区域内的人员造成伤害。水中泄漏物还将对水中生物和水源造成威胁。

常温常压液体泄漏后聚集在防液堤内或地势低洼处形成液池，液体由于表面的对流而缓慢蒸发。液化气体泄漏后，有些在泄漏时将瞬时蒸发，没来得及蒸发的液体将形成液池，吸收周围的热量继续蒸发。液体瞬时蒸发的比例取决于化学品的性质及环境温度，有些泄漏物可能在泄漏过程中全部蒸发，其表现类似于气体。低温液体泄漏后将形成液池，吸收周围热量蒸发，蒸发量低于液化气体、高于常温常压液体。影响液体泄漏后果的基本性质有以下几方面。

（1）泄漏量。泄漏量的多少是决定泄漏后果严重程度的主要因素，而泄漏量又与泄漏时间有关。

（2）蒸气压。蒸气压越高，液体物质越易挥发。蒸气压>3 kPa 时，液体将快速蒸发；0.3 kPa≤蒸气压≤3 kPa 时，液体会蒸发；蒸气压<0.3 kPa 时，液体基本不会蒸发。

（3）闪点。闪点越低，物质的火灾危害越大。如果环境温度高于闪点，那么物质一经火源的作用就引起闪燃。

（4）沸点。如果水温高于化学品的沸点，进入水中的化学品将迅速挥发进入大气。如果水温低于化学品的沸点，挥发也将发生，只是速率较慢。

（5）溶解度。溶解度决定液体在水中是否溶解以及溶解速率。溶解度>5%时，液体将在水中快速溶解；1%<溶解度≤5%时，液体会在水中溶解；溶解度≤1%时，液体在水中基本不溶解。

（6）相对密度。液体相对水的密度决定了其在水中是下沉还是漂浮。相对密度>1 时，物质将下沉；相对密度<1 时，物质将漂浮在水面上；相对密度接近 1 时，物质可通过水柱扩散。

3. 固体

与气体和液体不同的是，固体泄漏到陆地上一般不会扩散很远，通常会形成一堆，但有几类物质的表现具有特殊性，如固体粉末大量泄漏时，能形成有害尘云飘浮在空中，具有潜在的燃烧、爆炸和毒性危害；冷冻固体当达到熔点时会熔化，其表现会像液体；可升华固体，当达到升华点时会升华，往往会像气体一样扩散；水溶性固体泄漏时遇到下雨天，将表现出液体的特性。固体泄漏到水体，将对水中生物和水源造成威胁，影响其后果的基本性质有：

（1）溶解度。固体在水中的溶解度决定了其在水中是否溶解以及溶解速率。溶解度>99%时，固体将在水中快速溶解；10%≤溶解度≤99%时，固体会在水中溶解；溶解度<10%时，固体在水中基本不溶解。

（2）相对密度。固体相对水的密度决定了其在水中是下沉还是漂浮。相对密度>1 时，固体在水中将下沉；相对密度<1 时，固体将漂浮在水面上。

## 二、泄漏事故发生的主要原因

泄漏事故发生的原因很多，但主要有以下几方面。

1. 规划设计存在缺陷

选址不当，将重要的化工设施建在地震断裂带、易滑坡地带、雷击区、大风带区等，一旦地形、气象发生变化，化工设施遭到破坏，就会发生危险化学品泄漏事故。

2. 设备、技术存在问题

盛装危险化学品的设备质量达不到有关技术标准的要求，表现在设备材料缺陷，如固有的裂缝、微孔、砂眼；加工焊接比较差，如焊接拼缝中存在气孔、夹渣或未焊透情况。化工装置区防爆炸、防火灾、防雷击等设施不齐全、不合理，维护管理不落实等；设备老化、带故障运行等造成阀体磨损、管道腐蚀而导致危险化学品泄漏。

3. 工人违章作业

某些企业在危险化学品的生产、储存和使用过程中安全管理薄弱，未制定完善的工艺操作规程，没有严格执行监督检查制度，从业人员责任心不强，擅自离岗、误操作或违章操作等导致危险化学品泄漏。如在拆卸维修设备时，没有把内部液体释放干净，结果在设备拆开后使液体泄漏出来。

4. 交通事故导致

某些危险化学品运输单位不按规定申办准运手续，驾驶员、押运员未经专门培训，运输车辆达不到规定的技术标准，超限超载、混装混运，不按规定路线、时段运行，甚至违章驾驶等，都极易引发交通运输事故而导致危险化学品品泄漏。如 2005 年 3 月 29 日晚，京沪高速公路淮安段，一辆运输液氯的槽罐车因超载（核载 15 t、实载 34 t）导致左前轮突然爆胎，冲过护栏与一辆货车相撞，导致液氯大面积泄漏。由于肇事的槽罐车驾驶员、押运员逃逸，货车驾驶员死亡，延误了最佳抢险救援时机，造成公路旁 3 个乡镇村民重大伤亡。事故共造成 29 人死亡、350 人受伤、10500 人被迫疏散，15000 头畜禽死亡，受灾农作物 1333 多公顷（两万多亩），直接经济损失达 1700 万元。

5. 自然灾害

自然界的地震、海啸、台风、洪水、山体滑坡、泥石流、雷击以及太阳黑子周期性的爆发引起地球大气环流变化等自然灾害，都会对化工企业造成严重的影响和破坏，由此导致的停电、停水使化学反应失控而发生火灾、爆炸，导致危险化学品泄漏。

**三、泄漏事故处置原则**

发生危险化学品泄漏事故，在遵循危险化学品事故应急处置通用原则的基础上，还应遵循以下原则。

1. 先询情、再行动原则

赶到泄漏事故现场的应急人员第一任务是了解事故基本情况，切忌盲目闯入实施救援，造成不必要的伤亡。首先挑选业务熟练、身体素质好、有较丰富实践经验的人员，组成精干的先遣小组，配备适当的个体防护装备、器材（不明情况下，配备 A 级防护装备），从上风、上坡处接近现场，查明泄漏源的位置、泄漏物质的种类、周围地理环境等情况，报现场指挥部，指挥部综合各方面了解的情况，调集有关专家，对泄漏扩散的趋势、泄漏可能导致的后果、泄漏危及周围环境的可能性进行判断，确定需要采取的应急处置措施以及实施这些措施需要调动的应急救援力量，如消防特勤部队、企业救援队伍、防化兵部队等。

2. 应急人员防护原则

由于危险化学品具有易燃易爆、毒性、腐蚀性等危险性，因此应急人员必须进行适当的防护，防止危险化学品对自身造成伤害。通常根据泄漏事故的特点、引发物质的危险性，担任不同职责的应急人员可采取不同的防护措施。处于冷区的应急指挥人员、医务人员、专家和其他应急人员一般配备 C 级或 D 级防护装备；进入热区的工程抢险、消防和侦检等应急人员一般配备 A 级或 B 级防护装备；进入暖区进行设备、人员等洗消的应急人员一般配备 C 级防护装备。

3. 火源控制原则

当泄漏的危险化学品具有易燃、易爆特性时，在泄漏可能影响的范围内，首先要绝对禁止使用各种明火。特别是在夜间或视线不清的情况下，不要使用

25

火柴、打火机等进行照明。其次是立即停止泄漏区周围一切可以产生明火或火花的作业；严禁启闭任何电气设备或设施；严禁处理人员将非防爆移动通信设备、无线寻呼机以及摄像机、闪光灯带入泄漏区；处理人员应穿防静电工作服、不带铁钉的鞋，使用防爆工具；对交通实行局部戒严，严格控制机动车辆进入泄漏区，如果有铁路穿过泄漏区，应在两侧适当地段设立标志，与铁路部门联系，禁止列车通行。并根据下风向易燃气体、蒸气检测结果，随时调整火源控制范围。

4. 谨慎用水原则

水作为最常用、易得、经济的灭火剂常用于泄漏事故，用来冷却泄漏源、处理泄漏物、保护抢险人员。在处置泄漏事故前应通过应急电话联系权威的应急机构，取得危险化学品的水反应性、储运条件、环境污染等信息后，再决定能否用水处理。尤其在处理遇水反应物质和液化气体泄漏时要特别注意。

（1）遇水反应物质。遇水反应物质能与水发生反应，有的生成易燃气体，有的生成腐蚀性气体，有的生成有毒气体、有的发生危险反应。如果用水处理遇水反应物质的泄漏事故，可能会使事态变得更严重、复杂，给公众带来更大的危险，所以一般禁止用水处理。

（2）液化气体。处置液化气体泄漏时，切忌直接向泄漏部位直接射水，在条件允许的情况下，可采取向已泄漏的气体喷射雾状水的方法，驱赶或稀释已泄漏的气体。因为液化气体向环境中的泄放量与包装容器内的压力成正比，也就是与液化气体的温度有关。为了排出气体，液体必须气化，而气化是一个吸热过程，如果没有足够的外部热源，随着液体气化，包装容器内的温度会降低，容器内的压力也会下降，泄漏量会越来越小。20 ℃时水的导热系数是空气的23倍，如果直接向泄漏部位射水，相当于提供了外部热源，液体会继续气化，气体会源源不断地排入环境。有的物质（如液氯）与水反应生成腐蚀性物质，如果用水处理，腐蚀将导致更严重的泄漏。

5. 确保人员安全原则

处置泄漏事故的危险性大，难度也大，处置前要周密计划、精心组织，处置过程中要科学指挥、严密实施，确保参与事故处置人员的人身安全。

（1）应从上风、上坡处接近现场，严禁盲目进入。

（2）应急指挥部应设在上风处，救援物资应放于上风处，防止事故发生变化危及指挥部和救援物资的安全。

（3）根据接触危险化学品的可能性，不同人员需配备必要、有效的个人防护器具。

（4）实施应急处置行动时，严禁单独行动，要有监护人，必要时可用水枪掩护。

## 第二节 泄漏源控制

泄漏源控制是指通过适当的措施控制危险化学品的泄放，是应急处理的关键。只有成功地控制泄漏源，才能有效地控制泄漏。特别是气体泄漏，应急人员唯一能做的是止住泄漏。

如果泄漏发生在工艺设备或管线上，可根据生产情况及事故情况分别采取停车、局部打循环、改走副线、降压堵漏等措施控制泄漏源。如果泄漏发生在贮存容器上或运输途中，可根据事故情况及影响范围采取外加包装、倒罐、堵漏等措施控制泄漏源。能否成功地控制泄漏源，取决于接近泄漏点的危险程度、泄漏孔的大小及形状、泄漏点处实际或潜在的压力、泄漏物质的特性。

### 一、外加包装

最常见的外加包装是把小容器装入大容量的容器中。外加包装是处置容器泄漏最常用的方法，特别是运输途中发生的容器泄漏。在欧美等发达国家，运输危险化学品容器的车上都配备大号的外包装空容器，以便应对各种原因导致的容器泄漏。

当容器发生泄漏时，应尽可能将泄漏部位调整向上，并移至安全区域，再转移物料或采取适当方法修补。若容器损坏较严重，既无法转移，又无法修补时，可将容器套装入事先准备的大容器中或就地将物料转移到安全容器。

外加包装用的大容量容器应与处置的危险化学品相容，并符合有关部门的技术要求。

### 二、工艺措施

工艺措施是有效处置化工、石化企业泄漏事故的技术手段。一般在制定应急预案时已予以考虑。发生泄漏事故时，应由技术人员和熟练的操作工人具体实施。工艺措施主要包括关阀断料、火炬放空、紧急停车等。

1. 关阀断料

关阀断料是指通过关闭输送物料管道阀门、断绝物料源、制止泄漏的措施。关阀断料是处置工艺设备、管道泄漏最常用的方法。

当工艺设备、管道发生泄漏时，如果泄漏部位上游有可以关闭的阀门，且阀门尚未损坏，应首先关闭有关阀门，泄漏自然会停止。

2. 火炬放空

火炬放空是指通过相连的火炬放空总管将部分或全部物料烧掉、防止燃烧、爆炸发生的方法。火炬放空是石化企业应对紧急情况常采用的方法。

3. 紧急停车

如果泄漏危及整个装置，视具体情况可以采取紧急停车措施，如停止反应，把物料退出装置区，送至罐区或火炬。

三、堵漏

管道、阀门或容器壁发生泄漏，无法通过工艺措施控制泄漏源时，可根据泄漏部位、泄漏情况采取适当的堵漏方法封堵泄漏口，控制危险化学品的泄漏。

堵漏操作技术性强、危险性高，常常在带压状态下进行。实施前务必做好风险评估，努力做到万无一失。首先要对现场环境、泄漏介质、泄漏部位进行勘测，由专家、技术人员和岗位有经验的工人根据勘测情况共同研究制定堵漏方案，并由技术人员和熟练的操作工人严格按照堵漏方案具体实施。实施堵漏操作时，要以泄漏点为中心，在四周设置水幕、喷雾水枪或利用现场蒸汽管的蒸汽等对泄漏扩散的气体进行稀释或驱散，保护抢险人员。

常用的堵漏方法有调整法、机械紧固法、焊接法、粘接法、强压注胶法等。实际应用时，应根据泄漏发生的部位（如阀门、法兰、管道、设备等）、泄漏孔的大小及形状、泄漏点处实际或潜在的压力、泄漏物质的性质和现有装备，选择最安全、最有效的方法。

1. 调整法

这是一种通过调整操作、调整密封件的预紧力度或调整个别部件的相对位置来消除泄漏的方法。常用的调整法有关闭法、紧固法和调位法等。关闭法是对于关闭体不严导致管道内物料泄漏的情况采用的方法；紧固法是通过增加密封件的预紧力实现消漏的目的，如紧固法兰的螺丝，进一步压紧垫片、填料或阀门的密封面等；调位法是通过调整零部件间的相对位置来控制或减少非破坏性的渗漏，如调整法兰、机械密封等间隙和位置。

2. 机械紧固法

这是一种对于泄漏部位采取机械方法构成新的密封层来堵住泄漏的方法，常用于设备、管道、容器的堵漏。常用的主要有卡箍法、塞楔法和气垫止漏法。

（1）卡箍法。卡箍法是将密封垫压在管道的泄漏口处，再套上卡箍，上紧卡箍上的螺栓而达到止漏的方法。适用于中低压介质的堵漏。堵漏工具由卡箍、密封垫和紧固螺栓组成。密封垫的材料有橡胶、聚四氟乙烯、石墨等，卡箍材料有碳钢、不锈钢、铸铁等，应根据泄漏介质的具体情况选用卡箍材料和密封垫材料。

（2）塞楔法。塞楔法是利用韧性大的金属、木质、塑料等材料制成的圆锥体楔或斜楔挤塞入泄漏孔、裂缝、洞内而止漏的方法。适用于常压或低压设备发生本体小孔、裂缝的泄漏。塞楔的材料主要有木材、塑料、铝、铜、低碳钢、不锈钢等，塞楔的形式常用的有圆锥塞、圆柱塞、楔式塞等，应根据漏口形状和泄漏介质的性质来确定。

（3）气垫止漏法。气垫止漏法是通过特殊处理的、具有良好可塑性的充气袋（筒）在带压气体作用下膨胀，直接封堵泄漏处，从而控制危险化学品泄漏的方法。适用于低压设备、容器、管道本体孔洞、裂缝、管道断口的泄漏，一般来说，泄漏的介质为液体，温度不超过 $85\sim95$ ℃。根据充气垫和泄漏口的相对位置分为气垫外堵法和气垫内堵法：

①气垫外堵法。先将密封垫压在泄漏口处，再利用固定带将充气袋牢固地捆绑在泄漏的设备上，最后通过充气源如气瓶或脚踏气泵给气袋充气，气袋鼓起，对密封垫产生压力，从而将泄漏口堵住。气垫的充气压力一般不超过 $0.6\ MPa$。

②气垫内堵法。将充气袋塞入泄漏口，然后充气使之鼓胀，而将漏口堵塞住。适用于堵塞地下的排水管道、断裂的管道断口等，要求泄漏介质的压力

低于 1.0 MPa。

3. 焊接法

这是一种利用热能使熔化的金属将裂纹连成整体焊接接头或在可焊金属的泄漏缺陷上加焊一个封闭板来堵住泄漏部位的方法。根据处理方法不同，分为逆向焊接法和引流焊接法。

（1）逆向焊接法。逆向焊接法是利用逆向焊接过程中焊缝和焊缝附近的受热金属均受到很大的热应力作用的规律，使泄漏裂纹在低温区金属的压应力作用下发生局部收严而止住泄漏，焊接过程中只焊已收严无泄漏的部分，并且采取收严一段焊接一段、焊接一段又会收严一段，如此反复进行，直到全部焊合。

（2）引流焊接法。引流焊接法是利用金属的可焊性、将装闸板阀的引流器焊在泄漏部位上，泄漏介质由引流通道及闸板阀引出事故危险区域以外，待引流器全部焊牢后，关闭闸板阀，切断泄漏介质，达到密封的目的。焊接法是一种技术性极强的工作，除了要求焊接人员取证上岗之外，还要求随机调整焊条、焊接电流、电弧长度、焊接层数、焊缝强化以及焊接手法来确保焊接质量。带压焊接过程中，常常会遇到平焊、立焊、仰焊及兼有三种焊接方法的复杂焊接位置及严格的焊接要求，焊接人员应根据具体情况对不同方法兼而用之。

4. 粘接法

粘接法是一种直接或间接地利用粘接剂堵住泄漏部位的方法。这种方法适用于不宜动火且其他方法难以奏效的部位堵漏，不同的粘接剂适用于不同的温度、压力和介质，但是一般不适用于高温高压的环境。

粘接法包括填塞粘接法、顶压粘接法、紧固粘接法、磁力压固粘接法、引流粘接法、T形螺栓粘接法。

（1）填塞粘接法。依靠人手产生的外力，将事先调配好的某种胶黏剂压在泄漏部位上，形成填塞效应，强行止住泄漏，并借助此种胶黏剂能与泄漏介质共存，形成平衡相的特殊性能，完成固化过程，达到堵漏的目的。

（2）顶压粘接法。利用大于泄漏介质压力的外力机构，首先迫使泄漏止住，然后对泄漏区域按粘接技术的要求进行必要的处理，如除锈、去污、打毛、脱脂等工序，再利用胶黏剂的特性将外力机构的止漏部件牢固地粘在泄漏部位上，待胶黏剂固化后，撤出外力机构，达到重新密封的目的。

（3）紧固粘接法。借助某种特制的卡具所产生的大于泄漏介质压力的紧固力，迫使泄漏停止，再利用胶黏剂或堵漏胶进行修补加固，达到堵漏的目的。特制的卡具是根据泄漏部位形状设计制作的。紧固粘接法进行堵漏作业结束后，其紧固机构是不能拆除的，必须靠其产生的紧固力来维持止住泄漏的密封比压，胶黏剂或堵漏胶只能起密封修补加固的作用。这是与顶压粘接法最大的不同之处。

（4）磁力压固粘接法。借助永磁材料产生的强大吸力使涂有胶黏剂或堵漏胶的非磁性材料与泄漏部位粘合而堵漏的方法。适用于处理温度小于 150 ℃、压力小于 2.0 MPa 的磁性材料上发生的泄漏。该法的核心是磁铁的性能。目前我国已将钕铁硼强磁材料应用到带压密封技术，取得了较好的效果。使用该法时存在磁场，影响周边仪器、仪表及其他需要防磁的设备。

（5）引流粘接法。利用胶黏剂的特性，首先将具有极好降压、排放泄漏介质作用的引流器粘在泄漏点上，待胶黏剂充分固化后，封堵引流孔，实现密封的目的。该法的核心是引流器，引流器的形状必须根据泄漏缺陷的部位来确定，引流通道必须保证足够的泄流尺寸。多用于处理温度小于 300 ℃、压力小于 1.0 MPa 且具备操作空间的泄漏。首先根据泄漏点的情况设计制作引流器，引流器的制作材料可以根据泄漏介质的物化参数、温度、压力等选用金属、塑料、木材、橡胶等，做好后的引流器应与泄漏部位有较好的吻合性。按粘接技术要求对泄漏表面进行处理，根据泄漏介质的物化参数选择快速固化胶黏剂或堵漏胶，并按比例调配好，涂于引流器的粘接表面，迅速与泄漏点黏合，这时泄漏介质就会沿着引流通道及引流螺孔排出作业面以外，而且不会在引流器内腔产生较大的压力，待胶黏剂或堵漏胶充分固化后，再用结构胶黏剂或堵漏胶及玻璃布对引流器进行加固，待加固胶黏剂或堵漏胶充分固化后，用螺钉封闭引流螺孔，完成带压密封作业。

（6）T 形螺栓粘接法。在胶黏剂的配合下，利用 T 形螺栓的独特功能，使其自身固定在泄漏孔洞的内外壁面上，并通过螺栓的紧固力实现密封的目的。T 形螺栓粘接法只能用于孔洞大、压力低的介质（如水、空气、煤气等）输送管道或容器出现的泄漏。T 形螺栓粘接法的操作方法有以下两种：

①内贴式。这种方法适用于长孔及椭圆孔的带压密封作业。作业时首先

清理泄漏缺陷周围的铁锈、油污等，最好露出金属光泽，根据泄漏介质参数选好胶黏剂或堵漏胶，按泄漏孔洞选择合适的 T 形螺栓形式，制作一密封垫板及两块顶压钢板，T 型螺栓、密封垫板、顶压钢板应能顺利进入到泄漏孔洞内，并能有效盖住泄漏缺陷，四周的密封边缘有效宽度应大于 10 mm。安装时，如果密封垫板、顶压钢板套在 T 形螺栓上难以装进泄漏孔洞内，可利用 T 形螺栓杆上的小孔，在小孔上安装铁丝，先穿顶压钢板，再穿密封垫板，然后向泄漏孔洞内安放，并轻轻收紧铁丝，摆好顶压钢板和密封垫板位置（有效密封位置应事先做个记号），安装第二块顶压板，同时将泄漏缺陷处用事先调配好的胶黏剂或堵漏胶胶泥填充，拧紧螺母，直到泄漏停止。

②外贴式。适用于不规则的圆形孔洞。首先根据泄漏孔洞的大小设计制作 T 形螺栓，其前部活络横铁的长度应大于泄漏孔洞的最大直径或泄漏孔洞的断面最大几何尺寸，T 形螺栓规格应大于 M8；按泄漏孔洞的大小制作一橡胶密封垫片或石墨圈及顶压钢板，两者的尺寸应绝对大于泄漏孔洞。按粘接技术要求处理泄漏孔洞周围表面，按泄漏介质物化参数选择胶黏剂或堵漏胶，并按比例调配好。将胶黏剂或堵漏胶分别涂于泄漏孔洞四周及橡胶垫片的一侧，在 T 形螺栓杆的小孔上安装细铁丝，以防 T 形螺栓掉入泄漏容器或管道内。把 T 形螺栓插入到泄漏孔洞内，横位拉住，迅速将涂有胶泥的垫片和顶压板一起穿入 T 形螺栓上，拧紧螺母，这时顶压板、橡胶垫片就会紧紧地压在泄漏孔洞上，直到泄漏停止，之后再用胶黏剂或堵漏胶胶泥、玻璃布进行加固密封。

5. 强压注胶法

强压注胶法是先在泄漏部位建造一个封闭的空腔或利用泄漏部位上原有的空腔，然后再利用专门的注胶工具，把耐高温又具有受压变形的密封剂注入泄漏部位与夹具所形成的密封空腔内并使之充满，从而在泄漏部位形成密封层。在注胶压力远远大于泄漏介质压力的条件下，泄漏被强迫止住，密封剂在短时间内迅速固化，形成一个坚硬的新的密封结构，达到重新密封的目的，将漏口堵住。强压注胶法适用于本体泄漏、连接面泄漏、关闭件泄漏等几乎所有的泄漏，适用温度为 $-200 \sim 800\ ℃$，适用压力为 $0 \sim 32\ MPa$。

1）注入工具

注入工具是强压注胶法堵漏的关键手段，市场上可见手动、风动、液压传动等多种注入工具，一般常用的是手动液压油泵和手动螺旋推进器。其附件包括压力表、高压软管、注胶枪、夹具、接头等。注胶枪的动力来自油泵和推进器，不同的操作压力需要不同的推力，选择时要留有充分的余地。

2）密封剂料

密封剂料多种多样，用途各异，可根据使用场合、介质和操作条件选择不同配方的密封剂料。一般常用的密封剂料都是固化性、弹性很好的物质，常用合成橡胶作为基体母料，与催化剂、固化剂、填加剂和固体填充物等调配制成。使用时，密封剂料先在注入点处得到热量软化，进入空腔后开始固化，随之硬化成型。

密封剂料一般有热固性和非热固性两大类，品种齐全，基本上可以满足不同工况的要求。

## 四、倒罐

倒罐是指通过人工、泵或加压的方法从泄漏或损坏的容器中转移出液体、气体或某些固体的过程。倒罐过程中所用的泵、管线、接头以及盛装容器应与危险化学品相匹配。当倒罐过程中有发生火灾或爆炸危险时，要注意电气设备的可靠性。

在无法实施堵漏且不及时采取措施随时可能有爆炸、燃烧或人员中毒危险的情况下，或虽已采取了简单堵漏措施但事故设备无法移离事故现场时，实施倒罐可以消除泄漏源、控制险情。储运设备发生泄漏，常常采用该法控制泄漏源。

倒罐技术工艺复杂，对技术人员的要求很高，要根据现场情况，选择合适的倒罐方法，并充分论证方法的可行性、安全性。实施倒罐时，要遵循已制定的方案，切忌为了加快倒罐速度，采取蒸汽、加热带加热等措施，对生产设备实施倒罐时，要注意事故设备内的压力不能低于 0.1 MPa，否则事故设备内出现负压，空气会倒灌入内，形成爆炸性混合气体。

## 五、转移

当液化气体、液体槽车发生泄漏、堵漏方法不奏效又不能倒罐时，可将槽车转移到安全地点处置。首先应在事故点周围的安全区域修建围堤或处置池，然后将罐内的液体导入围堤或处置池内，再根据危险化学品的性质采用相应的处置方法。如泄漏的物质呈酸性，可先将中和药剂（碱性物质）溶解于处置池中，再将事故设备移入，进而中和泄漏的酸性物质。

### 六、点燃

点燃是针对高蒸气压液体或液化气体采取的一种安全处置方法。当泄漏无法有效控制、泄漏物的扩散将会引起更严重的灾害后果时，可采取点燃措施使泄漏出的易燃气体或蒸气在外来引火物的作用下形成稳定燃烧，控制、降低或消除泄漏毒气的毒害程度和范围，避免易燃和有毒气体扩散后达到爆炸极限而引发燃烧爆炸事故。

实施点燃前应做好充分的准备工作，首先要确认危险区域内人员已经撤离，其次担任掩护和冷却等任务的喷雾水枪手要到达指定位置，检测泄漏周边地区已无高浓度混合可燃气体后，使用安全的点火工具操作。

常用的点燃方法有铺设导火索（绳）点燃、使用长杆点燃、抛射火种点燃、使用电打火器点燃。应根据泄漏发生的部位、易燃气体扩散范围等情况选择合适的点火方法。操作人员要做好个人安全防护、保证人身安全。

# 第三节　泄漏物控制

泄漏物控制的主要目的是避免泄放的危险化学品扩散，引起火灾、爆炸、中毒或对环境造成污染，带来次生灾害。泄漏物控制应与泄漏源控制同时进行。采取何种措施控制泄漏物，取决于泄漏后化学品的表现。对于气体泄漏物，可以采取喷雾状水、释放惰性气体等措施，降低泄漏物的浓度或燃爆危害。喷雾状水的同时，筑堤收容产生的大量废水，防止污染水体。对于液体泄漏物，可以采取适当的措施，如筑堤、挖坑等阻止其流动。若液体易挥发，可以使用覆盖和低温冷却技术，减少泄漏物的挥发，若泄漏物可燃，还可以消除其燃烧、爆炸隐患。最后需将限制住的液体清除，彻底消除污染。与液体和气体相比较，陆上固体泄漏物的控制要容易得多，只要根据物质的特性采取适当方法收集起来即可。泄漏物控制分为陆地泄漏物围堵、水体泄漏物拦截、蒸气/尘云抑制、泄漏物处理、泄漏物转移等。

**一、陆地泄漏物围堵**

1. 修筑围堤

修筑围堤是控制陆地上的液体泄漏物最常用的方法。

围堤通常使用混凝土、泥土和其他障碍物临时或永久建成。常用的围堤有环形、直线形、V形等。通常根据泄漏物流动情况修筑围堤拦截泄漏物。如果泄漏发生在平地上，则在泄漏点的周围修筑环形堤。如果泄漏发生在斜坡上，则在泄漏物流动的下方修筑 V 形堤。围堤也用来改变泄漏物的流动方向，将泄漏物导流到安全区域再处置。

利用围堤拦截泄漏物的关键除了泄漏物本身的特性外，就是确定修筑围堤的地点。它既要离泄漏点足够远，保证有足够的时间在泄漏物到达前修好围堤，又要避免离泄漏点太远，使污染区域扩大。

修筑围堤所用的工具也是根据泄漏的具体情况选择。小到铁锹、铲子，大到推土机，都是修筑围堤常用的工具。如果泄漏物是易燃物，操作时要特别注意，避免发生火灾。

贮罐区一般都建有围堰，当发生泄漏事故时，要及时关闭雨水排口，防止泄漏物沿雨水系统外流。如果泄漏物排入雨水、污水排放系统，应及时采取封堵措施，导入应急池，防止泄漏物排出厂外，对地表水造成污染。

2. 挖掘沟槽

挖掘沟槽也是收容控制陆地上的液体泄漏物最常用的方法。

通常是根据泄漏物流动情况挖掘沟槽收容泄漏物。如果泄漏物沿一个方向流动，则在其流动的下方挖掘沟槽。如果泄漏物是四散而流，则围绕着泄漏区域挖掘环形沟槽。沟槽也用来改变泄漏物的流动方向，将泄漏物导流到安全区域再处置。

挖掘沟槽收容泄漏物的关键和修筑围堤一样，除了泄漏物本身的特性，也是确定沟槽的地点。它既要离泄漏点足够远，保证有足够的时间在泄漏物到达前挖好沟槽，又要避免离泄漏点太远，使污染区域扩大。

挖掘沟槽可用的工具也很多，如铁锹、铲子、挖土机都可以用。如果泄漏物是易燃物，操作时要特别注意，避免发生火灾。

3. 使用土壤密封剂避免泥土和地下水污染

使用土壤密封剂的目的是避免液体泄漏物渗入土壤中污染泥土和地下水。一般泄漏发生后，迅速在泄漏物要经过的地方使用土壤密封剂，防止泄漏物渗入土壤中。土壤密封剂既可单独使用，也可以和围堤或沟槽配合使用，既可直接撒在地面上，也可带压注入地面下。

直接用在地面上的土壤密封剂分为三类：反应性密封剂、不反应性密封剂和表面活性密封剂。

常用的反应性密封剂有环氧树脂、脲/甲醛和尿烷，这类密封剂要求在现场临时制成，在恶劣的气候下较容易成膜，但有一个温度使用范围。

常用的不反应性密封剂有沥青、橡胶、聚苯乙烯和聚氯乙烯，温度同样是影响这类密封剂使用的一个重要因素。

表面活性密封剂通常是防护剂，如硅和氟碱化合物系列，已研制出的有织品类、纸类、皮革类及砖石围砌类，最常用的是聚丙烯酸酯的氟衍生物。

土壤密封剂带压注入地面下的过程称作灌浆。灌浆料由天然材料或化学物质组成。常用的天然材料有沙子、灰、膨润土及淤泥等，常用的化学物质有丙烯酰胺、尿素塑料/甲醛树脂、木素、硅酸盐类物质等。通常，天然材料适用于粗质泥土，化学物质适用于较细质的泥土。

所有类型的土壤密封剂都受气温及降雨等自然条件的影响。土壤表层及底层的泥土组分决定密封剂能否有效地发挥作用。操作应由受过培训的专业技术人员完成，使用的土壤密封剂应与泄漏物相容。

**二、水体泄漏物围堵**

1. 修筑水坝

修筑水坝是控制小河流上的水体泄漏物最常用的拦截方法。

水坝通常使用混凝土、泥土和其他障碍物临时或永久建成。通常在泄漏点下游的某一点横穿河床修筑水坝拦截泄漏物，拦截点的水深不能超过 10 m。坝的高度因泄漏物的性质不同而不同。对于溶于水的泄漏物，修筑的水坝应能收容整个水体；对于在水中下沉而又不溶于水的泄漏物，只要能把泄漏物限制在坝根就可以，未被污染水则从坝顶溢流通过；对于不溶于水的漂浮性泄漏物，以一边河床为基点修筑大半截坝，坝上横穿河床放置管子将出液端提升至与进液端相当的高度，这样泄漏物被拦截，未被污染水则从河床底部流过。

在修筑水坝拦截水溶性泄漏物时，一般可视现场情况采取上下游同时作业的方法。一方面组织人手沿河修筑拦河坝，阻止污染的河水下泄；另一方面同时在上游新开一条河道，让上游来的清洁水改走新河道，绕过事故污染地带，减轻拦河坝的压力。

修筑水坝受许多因素的影响，如河流宽度、水深、水的流速、材料等，特别是客观地理条件，有时限制了水坝的使用。

2. 挖掘沟槽

挖掘沟槽是控制泄漏到水体的不溶性沉块最常用的方法。通常只能在水深不大于 15 m 的区域挖掘沟槽。风、波浪、水流都对挖掘作业有影响，有时甚至使挖掘作业无法进行，从而限制了此法的使用。

在水体中挖掘沟槽应使用挖土机械，如陆用挖土机、掘土机及水力式和抽力式挖土机。挖掘什么样的沟槽，取决于泄漏物的流动。如果泄漏物沿一个方向流动，则在其下游挖掘沟槽；如果泄漏物是四散而流，则最好挖掘环形沟槽。

3. 设置表面水栅

设置表面水栅是收容水体的不溶性漂浮物较常用的方法。

通常充满吸附材料的表面水栅设置在水体的下游或下风向处，当泄漏物流至或被风吹至时将其捕获。当泄漏区域比较大时，可以用小船拖曳多个首尾相接的水栅或用钩子钩在一起组成一个大栅栏拦截泄漏物。为了提高收容效率，一般设置多层水栅。

使用表面水栅收容泄漏物的效率取决于污染液流、风及波浪。如果液流流速大于 1 n mile/h、浪高大于 1 m，使用表面水栅无效。使用表面水栅的关键是栅栏材质应与泄漏物相容。

4. 设置密封水栅

设置密封水栅可用来收容水体的溶性泄漏物，也可以用来控制因挖掘作业而引起的浑浊。密封水栅结构与表面水栅相同，但能将整个水体限制在栅栏区域。

密封水栅只适用于底部为平面、液流流速不大于 2 n mile/h、水深不超过 8 m 的场合。密封栅栏的材质应与泄漏物相容。

## 三、蒸气/尘云抑制

1. 覆盖

覆盖是临时控制泄漏物蒸气和粉尘危害最常用的方法，即用合适的材料覆盖泄漏物，暂时减少蒸气或粉尘带来的大气危害。常用的覆盖材料有合成膜、泡沫、水等。

1）合成膜覆盖

合成膜覆盖适用于所有固体和液体的陆上泄漏，也适用于水中的不溶性沉淀物。

常用的合成膜材料有聚氯乙烯、聚丙烯、氯化聚乙烯、异丁烯橡胶等。这些材料可用作泄漏物收容池、处理池的衬里；可用来盖住固体泄漏物，避免其微粒再扩散；可用来覆盖围堤或沟槽内的易挥发性液体泄漏物，减小其蒸气危害；可放置在水体泄漏物的上方，避免其流动或扩散。

合成膜覆盖在陆地泄漏中使用时，只适用于小泄漏，前提是应急人员能安全到达现场。对于大的泄漏区域，应急人员无法直接靠近，很难使用合成膜覆盖。在水体中应用时，只适用于不通航区域或浅水区。使用的合成膜材料应与泄漏物相容。

2）泡沫覆盖

使用泡沫覆盖来阻止泄漏物的挥发，降低泄漏物对大气的危害和泄漏物的燃烧性。泡沫覆盖必须和其他的收容措施如围堤、沟槽等配合使用。泡沫覆盖只适用于陆地泄漏物。

泡沫主要是作为灭火剂发展起来的。实际应用时，要根据泄漏物的特性选择合适的泡沫，选用的泡沫应与泄漏物相容。常用的普通泡沫只适用于无极性和基本上呈中性的物质；对于低沸点、与水发生反应和具有强腐蚀性、放射性或爆炸性的物质，必须使用专用泡沫；对于极性物质，只能使用属于硅酸盐类的抗醇泡沫。目前，还没有一种泡沫可以抑制所有类型的易挥发性危险化学品蒸气。只有少数几种抗溶泡沫可以有限地用于多数类型的危险化学品，但它们也是对一些危险化学品有效，而对另一些危险化学品几乎不起作用。此外，泡沫的效率与许多因素有关，包括泡沫类型、泡沫 25% 的排出时间、泡沫的使用效率和泡沫覆盖的深度等。

对于所有类型的泡沫，使用时建议每隔 30~60 min 再覆盖一次，以便有效地抑制泄漏物的挥发。如果需要，这个过程可能一直持续到泄漏物处理完毕。

3）水覆盖

对于密度比水大或溶于水但并不与水反应的物质，水覆盖能有效地抑制泄漏物的挥发，还可以将泄漏物导流至适宜的地方进行处理。但水覆盖仅限用在小泄漏场合，而且现场已备有围堤或沟槽收容变稀了的泄漏物。

对于碱金属或其他能与水反应的物质，严禁用水覆盖，以免发生爆炸或产生可燃气体。

2. 低温冷却

低温冷却是将冷冻剂散布于整个泄漏物的表面上，减少有害泄漏物的挥发。在许多情况下，冷冻剂不仅能降低有害泄漏物的蒸气压，而且能通过冷冻将泄漏物固定住。

影响低温冷却效果的因素有：冷冻剂的供应、泄漏物的物理特性及环境因素。

冷冻剂的供应将直接影响冷却效果。喷洒出的冷冻剂不可避免地要向可能的扩散区域分散，并且速度很快。整体挥发速率的降低与冷却效果成正比。

泄漏物的物理特性如当时温度下泄漏物的黏度、蒸气压及挥发率，对冷却效果的影响与其他影响因素相比很小，通常可以忽略不计。

环境因素如雨、风、洪水等将干扰、破坏形成的惰性气体膜，严重影响冷却效果。

常用的冷冻剂有二氧化碳、液氮和冰。选用何种冷冻剂取决于冷冻剂对泄漏物的冷却效果和环境因素。应用低温冷却时必须考虑冷冻剂对随后采取的处理措施的影响。

1）二氧化碳

二氧化碳冷却剂有液态和固态两种形式。液态二氧化碳通常装于钢瓶中或装于带冷冻系统的大槽罐中，冷冻系统用来将槽罐内蒸发的二氧化碳再液化。固态二氧化碳又称"干冰"，是块状固体，因为不能储存于密闭容器中，所以在运输中损耗很大。

液态二氧化碳应用时，先使用膨胀喷嘴将其转化为固态二氧化碳，再用雪片鼓风机将固态二氧化碳播撒至泄漏物表面。干冰应用时，先对其进行破碎，然后用雪片播撒器将破碎好的干冰播撒至泄漏物表面。播撒设备应选用能耐低温的特殊材质。

液态二氧化碳与液氮相比，有以下几大优点：

（1）因为二氧化碳槽罐装备了气体循环冷冻系统，所以是无损耗储存。

（2）二氧化碳罐是单层壁罐，液氮罐是中间带真空绝缘夹套的双层壁罐，这使得二氧化碳罐的制造成本低，在运输中抗外力性能更优。

（3）二氧化碳更易播撒。二氧化碳虽然无毒，但是大量使用，可使大气中缺氧，从而对人产生危害，随着二氧化碳浓度的增大，危害就逐步加大。二氧化碳溶于水后，水中 pH 值降低，会对水中生物产生危害。

2）液氮

液氮温度比干冰低得多，几乎所有的易挥发性有害物（氢除外）在液氮温度下皆能被冷冻，且蒸气压降至无害水平。液氮也不像二氧化碳那样，对水中生存环境产生危害。

要将液氮有效地应用起来是很困难的。若用喷嘴喷射，则液氮一离开喷嘴就全部挥发为气态。若将液氮直接倾倒在泄漏物表面上，则局部形成冰面，冰面上的液氮立即沸腾挥发，冷冻力的损耗很大。因此，液氮的冷冻效果大大低于二氧化碳，尤其是固态二氧化碳。液氮在使用过程中产生的沸腾挥发，有导致爆炸的潜在危害。

3）湿冰

在某些有害物的泄漏处理中，湿冰也可用作冷冻剂。湿冰的主要优点是成本低、易于制备、易播撒。主要缺点是湿冰不是挥发而是溶化成水，从而增加了需要处理的污染物的量。

**四、泄漏物处理**

1. 通风

通风是去除有害气体/蒸气的有效方法。通风应当谨慎使用，不要用于固体粉末，并且对于沸点≥350 ℃的物质通常不适用。通风有时候可能会增加以下危险：

（1）粉末物质由于通风而扩散。

（2）局部通风可能造成液体泄漏物的快速蒸发，如果没有足够的新鲜空气补充，蒸气浓度将增大。

（3）由于高于爆炸上限的浓度将降低，使大气中危险化学品浓度处于爆炸极限之内。

## 2. 蒸发

当泄漏发生在不能到达的区域、泄漏量比较小、其他的处理措施又不能使用时，可考虑使用就地蒸发。

就地蒸发使用的能源是太阳能。对于能产生易燃或有毒气体的泄漏区，必须进行连续监测，以确定处理过程中有害气体的浓度。

环境参数如大气温度、风速、风向等影响蒸发速率，对于水体泄漏物，影响因素还有水温和泄漏物在水中所占的体积比。

使用蒸发法时，要时刻注意防止有害气体扩散至居民区。

## 3. 喷水雾

喷水雾是控制有害气体和蒸气最有效的方法。对于溶于水的气体和蒸气，可喷雾状水吸收有害物，降低有害物的浓度；对于不溶于水的气体和蒸气，也可以喷水雾驱赶，通过雾状水使空气形成湍流，加大大气中有害物的扩散速度，使其尽快稀释至无危害的浓度。从而保护泄漏区内人员和泄漏区域附近的居民免受有害气体和蒸气的致命伤害。喷水雾还可用于冷却破裂的容器和冲洗泄漏污染区内的泄漏物。

使用此法时，将产生大量的被污染水。为了避免污染水流入附近的河流、下水道等区域，喷水雾的同时必须修筑围堤或挖掘沟槽收容产生的大量污水。污水必须予以处理或作适当处置。如果气体与水反应且反应后生成的产物比自身危害更大，则不能用此法。

## 4. 吸收

吸收是材料通过润湿吸纳液体的过程。吸收通常与吸收剂体积膨胀相伴随。吸收是处理陆地上的小量液体泄漏物最常用的方法。很多材料可用作吸收剂，如蛭石、灰粉、珍珠岩、粒状黏土、破碎的石灰石等。选择时应重点考虑吸收剂与泄漏物间的反应性和吸收速率。

应注意被吸收的液体可能在机械或热的作用下重新释放出来。当吸收材料被污染后，它们将表现出被吸收液体的危险性，必须按危险废物处置。

## 5. 吸附

吸附是被吸附物（一般是液体）与固体吸附剂表面相互作用的过程。吸附过程会产生吸附热。所有的陆地泄漏和某些有机物的水中泄漏都可用吸附法处理。在大多数情况下，仅用吸附法处理不溶性、漂浮在水面上的泄漏物。吸附法处理泄漏物的关键是选择合适的吸附剂。常用的吸附剂有炭材料、天然有机吸附剂、天然无机吸附剂、合成吸附剂。

1）炭材料

炭材料具有比表面积大、孔结构发达等优点，还具有耐热性、耐腐蚀性、耐辐射性、无毒害、不会造成二次污染、可再生重复使用等优异性质。炭材料是从水中除去不溶性漂浮物（有机物、某些无机物）最有效的吸附剂。目前应用的炭材料主要有活性炭、膨胀石墨、炭分子筛、碳纳米纤维、碳纳米管等。

现有的研究成果表明，炭材料不仅对水中溶解的有机物如苯类化合物、酚类化合物、石油及石油产品等具有较强的吸附能力，而且对于用生物法及其他方法难以去除的有机物，如色度、异臭异味、表面活性物质、除草剂、农药、合成洗涤剂、合成染料、胺类化合物以及许多人工合成的有机化合物都有较好的去除效果。

2）天然有机吸附剂

天然有机吸附剂由天然产品如木纤维、玉米秆、稻草、木屑、树皮、花生皮等纤维素和橡胶组成。这些材料要求具有增水性。

天然有机吸附剂可以从水中除去油类和与油相似的有机物。

天然有机吸附剂具有价廉、无毒、易得等优点，但再生困难又成为一大缺陷。

天然有机吸附剂的使用受环境条件如刮风、降雨、降雪、水流流速、波浪等的影响。在此条件下，不能使用粒状吸附剂。粒状吸附剂只能用来处理陆上泄漏和相对无干扰的水中不溶性漂浮物。

3）天然无机吸附剂

天然无机吸附剂是由天然无机材料制成的，常用的天然无机材料有黏土、珍珠岩、蛭石、膨胀页岩和天然沸石。根据制作材料分为矿物吸附剂（如珍珠岩）和黏土类吸附剂（如沸石）。

矿物吸附剂可用来吸附各种类型的烃、酸及其衍生物、醇、醛、酮、酯和硝基化合物；黏土类吸附剂能吸附分子或离子，并且能有选择地吸附不同大小的分子或不同极性的离子。黏土类吸附剂只适用于陆地泄漏物，对于水体泄漏物，只能清除酸。

由天然无机材料制成的吸附剂主要是粒状的，其使用受刮风、降雨、降雪等自然条件的影响。

4）合成吸附剂

合成吸附剂是专门为纯的有机液体研制的，由各种有机聚合物如多脲、聚丙烯、多网眼树脂、沸石分子筛和无晶形硅酸盐制成。能再生是合成吸附剂的一大优点。

合成吸附剂能有效地清除陆地泄漏物和水体的不溶性漂浮物。对于有极性且在水中能溶解或能与水互溶的物质，不能使用合成吸附剂来清除。不能用合成吸附剂吸附无机液体。

常用的合成吸附剂有聚氨酯、聚丙烯和大孔型树脂。

聚氨酯能吸附清除漂浮的有害物，但不能用来吸附处理大泄漏或高毒性泄漏物。聚氨酯可在现场破碎成薄膜或片、带使用。

聚丙烯能吸附无极性液体或溶液，但不能用来吸附处理大泄漏或高毒性泄漏物。聚丙烯应用范围比聚氨酯小。使用时片状聚丙烯吸附力损耗小。

最常用的两种大孔型树脂是聚苯乙烯和聚甲基丙烯酸甲酯。这些树脂能与离子类化合物发生反应，不仅具有吸附特性，还表现出离子交换特性。需要注意的是，不能采用加热解析法把吸附物从有机树脂吸附剂中分离，因为有机树脂受热将发生键断裂和氧化。

6. 固化/稳定化

固化/稳定化通过加入能与泄漏物发生化学反应的固化剂或稳定剂，使泄漏物转化成稳定形式，以便于处理、运输和处置。有的泄漏物变成稳定形式后，由原来的有害变成了无害，可原地堆放，不需进一步处理；有的泄漏物变成稳定形式后仍然有害，必须运至废物处理场所进一步处理或在专用废弃场所掩埋。常用的固化剂有水泥、凝胶、石灰。

1）水泥

水泥是一种无机胶结材料，能将砂、石等添料牢固地凝结在一起。水泥固化处理泄漏物就是利用水泥的这一特性，把泄漏物、水泥、添加剂一起搅拌混合，形成坚固的水泥固化体。通常使用普通硅酸盐水泥固化泄漏物。

对于含高浓度重金属的场合，使用水泥固化非常有效。由于水泥具有较高的 pH 值，使得泄漏物中的重金属离子在碱性条件下生成难溶于水的氢氧化物或碳酸盐等。某些重金属离子还可以固定在水泥基体的晶格中，从而可以有效地防止重金属的浸出。但镁盐、锑盐、锌盐、铜盐和铅盐增加固化时间，使强度降低，特别是高浓度硫酸盐对水泥有不利的影响。一般对于高浓度硫酸盐使用低铝水泥。

有些泄漏物用水泥固化前必须进行预处理：

（1）酸性废液应先中和。

（2）一般固体含量越高，所需的水泥越少，但能通过 674 目筛网的不溶物不符合要求。

（3）对于相对不溶的金属氢氧化物，固化前必须防止溶性金属从固体产物中析出。

（4）高浓度（1%～5%）溶性或不溶性有机物可能对固化过程产生不利影响，固化前应加入黏土（如膨润土）吸收有机物。

（5）含氰化物时，在固化前要求预处理，以获得对氰化物的最佳破坏。

另外，若含有 0.5%～5% 的氨，将在水泥上产生氨气，必须小心处理。操作时要求处理人员佩戴氨气滤毒罐式呼吸器。

水泥固化的优点是：有的泄漏物变成稳定形式后，由原来的有害变成了无害，可原地堆放不需进一步处理。

水泥固化的缺点是：大多数固化过程需要大量水泥，必须有进入现场的通道，有的泄漏物变成稳定形式后仍然有害，必须运至废物处理场所进一步处理或在专用废弃场所掩埋。

2）凝胶

凝胶是一种特殊的分散体系，其中胶体颗粒或高聚物分子相互连接，搭成架子，形成空间网状结构，液体或气体充满在结构空隙中。凝胶通过胶凝作用使泄漏物形成固体凝胶体，从而使泄漏物固化。如果形成的凝胶体仍是有害物，需进一步处置。

选择凝胶时，最重要的是凝胶必须与泄漏物相容。使用凝胶应注意：

（1）风、沉淀和温度变化将影响其应用并影响胶凝时间。

（2）凝胶的材料是有害物，必须作适当处置或回收使用。

（3）使用时应加倍小心，防止接触皮肤和吸入。

3）石灰

石灰固化是以石灰为固化剂，以粉煤灰、水泥窑灰为添料，将泄漏物进行固化的处理方法。石灰固化的原理是基于水泥窑灰和粉煤灰中含有活性氧化铝和二氧化硅，能与石灰和水反应，经凝结、硬化后形成具有一定强度的固化体。

石灰固化的优点是：添加剂本身就是待处理的废物，可实现废物再利用，且来源广、价格低。

石灰固化的缺点是：形成的大块产物需转移，石灰本身对皮肤和肺有腐蚀性，且固化的泄漏物不稳定，需要进一步处理。

7. 中和

中和是向泄漏物中加入酸性或碱性物质形成中性盐的过程。用于中和处置的固体物质通常会对泄漏物产生围堵效果。中和的反应产物是水和盐，有时是二氧化碳气体。中和反应常常是剧烈的，由于放热和生成气体产生沸腾和飞溅，所以应急人员应穿防酸碱的防护服，佩戴防烟雾呼吸器。可以通过降低反应温度和稀释反应物来控制飞溅。现场应用中和法要求最终 pH 值控制在 6~9 之间，反应期间必须监测 pH 值变化。

只有酸性有害物和碱性有害物才能用中和法处理。对于泄入水体的酸和碱或泄入水体后能生成酸或碱的物质，也可考虑用中和法处理。

对于陆地泄漏物，如果反应能控制，常常用强酸或强碱中和，这样比较经济。处理碱性泄漏物常用的是盐酸、硫酸。处理酸性泄漏物常用的是碳酸氢钠水溶液、碳酸钠水溶液、氢氧化钠水溶液，有时也用石灰、固体碳酸钠、苏打灰。氯泄漏也可以用碳酸氢钠水溶液、碳酸钠水溶液、氢氧化钠水溶液处理。

对于水体泄漏物，建议使用弱酸或弱碱中和，如果中和过程中可能产生金属离子，则必须用沉淀剂清除。常用的弱酸有醋酸、磷酸二氢钠，有时可用气态二氧化碳。磷酸二氢钠几乎能用于所有的碱泄漏。当氨泄入水中时，可以用气态二氧化碳来处理。常用的弱碱有碳酸氢钠、碳酸钠和碳酸钙。碳酸氢钠是缓冲盐，即使过量，反应后的 pH 值只是 8.3。碳酸钠溶于水后，碱性和氢氧化钠一样强，若过量，pH 值可达 11.4。碳酸钙与酸的反应速度虽然比钠盐慢，但因其不向环境加入任何毒性元素，反应后的最终 pH 总是低于 9.4 而被广泛采用。如果非常弱的酸和非常弱的碱泄入水体，pH 值能维持在 6~9 之

45

间，建议不使用中和法处理。

现场使用中和法处理泄漏物受下列因素限制：泄漏物的量，中和反应的剧烈程度，反应生成潜在地有毒气体的可能性，溶液的最终 pH 值能否控制在要求范围内。

8. 沉淀

沉淀是一个物理化学过程，通过加入沉淀剂使溶液中的物质变成固体不溶物而析出。常用的沉淀剂有氢氧化物和硫化物。

常用的氢氧化物有氢氧化钠、氢氧化钙和石灰。可用来处理陆地泄漏物，处理产生的泥浆必须做适当处置，不过沉淀产生的金属氢氧化物泥浆很难脱水，一般不用来处理水体泄漏物。如果生成的沉淀物能从水流中移走，也可以处理水体泄漏物。

常用的硫化物是硫化钠。对于重金属化合物的泄漏，硫化钠是一种有效的沉淀剂。对于铬酸盐、锰酸盐、钒酸盐这样的阴离子，因为能生成有毒的硫化氢，所以不能用硫化钠处理。

一般是硫化钠和氢氧化钠配合使用。用 18 g 氢氧化钠稳定的每升含硫化钠 85 g 的水溶液在室温下能长期贮存，可用来沉淀泄漏物。

9. 生物处理

生物处理是一个生物化学转化过程，通过微生物、酶对有害物的分解使泄漏物生物降解，适用于陆地有机泄漏物和水体表面的有机泄漏物。

生物处理受泄漏物固有特性和环境因素的影响，只有满足下列条件的泄漏物才可以考虑用生物降解法处理：

（1）泄漏物是不含重金属的有机化合物。

（2）泄漏物既不是气体也不是高毒物，不需要立即清除。

（3）泄漏物可以生物降解。

具有复杂化学结构的化合物如芳香族化合物和卤代脂肪族化合物阻碍生物降解，高浓度、高分子量和低溶解性的有机物也阻碍生物降解。

使用生物处理法的最佳环境条件是：

（1）pH 值为 7.0~8.5。

（2）温度为 15~35 ℃。

（3）氮和磷的营养水平。

（4）泥土的重量湿度是 40%。

有时，泄漏物有可能破坏天然微生物群，为了使用生物处理法，必须排除灭菌因素，例如用中和法和稀释法都可能灭菌。有时，尽管天然微生物已被破坏，但可以加入特制的微生物致突变菌种，使生物处理法仍能用。在使用生物处理法之前，必须清除泄漏物中的块状物。

**五、泄漏物转移**

转移是将被有害物污染的泥土、沉淀物或水转移到他处的一种方法。常用的泄漏物转移方法有：抽取、挖掘、真空抽吸、撇取、清淤。

1. 抽取

对于陆上的小量液体泄漏，最常用的方法是用泵将泄漏物抽入槽车或其他容器内。对于水中的固体和液体泄漏物，同样可采取抽取技术，而且非常方便、有效。对于水中的不溶性漂浮物，抽取是最常用的方法。如果泵能快速布置好，也能清除任何未溶解的溶性漂浮物。抽取也被用来清除不溶性沉积物，潜水者使用手提式装置确定沉积物的位置，然后抽入岸上或船上的容器中。

抽取使用的主要设备是泵。当使用真空泵时，要清除的有害物液位垂直高度（即压头）不能超过 11 m。多级离心泵或变容泵在任何液位下都能用。需要注意的是，抽取所用的泵、管线、接头、盛装容器等与有害物必须相容。有时要求使用特殊的耐腐蚀、防爆泵。

2. 挖掘

挖掘，即用挖土机、铁锹等工具将被污染的泥土及泄漏物清除。一般根据泄漏物的类型和泄漏区域的大小确定选用何种工具。参与挖掘的人员应配备合适的防护设备。挖掘出的污染泥土要运至许可污染物堆放的地点，然后采取固化、封装、溶剂萃取和干燥、生物处理等技术做适当处置。

挖掘适用于清除因液体和固体的陆上泄漏而带来的泥土污染。挖掘前，必须确定污染区域，建立严格的安全操作程序。如果污染物已从泄漏现场渗漏出去，则将挖掘作为清除手段是无效的。下列情况可选择挖掘清除：

（1）含有低毒泄漏物的小泄漏区。

（2）泄漏物对饮用水的供应区有极大危害。

（3）仅用泵抽不能完全清除污染物。

（4）长期处理费用太高。

由于大量污染泥土的运输、处理费用很高，所以现实中罕见使用挖掘方法清除污染物。

3. 真空抽吸

真空抽吸用于清除陆地上的固体微粒和细尘粒。有的泄漏物只有真空抽吸才能将其收集起来。真空抽吸设备配备有多级过滤系统，能滤去抽取的空气中所含的粒状物及粉尘。

这种方法的优点在于不会导致物质体积增大。使用时应注意真空抽吸设备的材质必须与泄漏物相容。排出的空气应根据需要过滤或净化。是否采用真空抽吸法由危险化学品的性质决定。

4. 撇取

撇取是清除水面上的液体漂浮物最常用的方法。大多数撇取器是专为收集油类液体而设计的，含有塑料部件，塑料材质与许多有害物不相容。当用撇取器清除易燃泄漏物时，撇取器所用马达及其他电器设备必须是防爆型的。

5. 清淤

清淤即清除水底的淤泥，是除去水底不溶性沉淀使用的方法。清淤前，必须准确确定要清淤的区域及深度，将泄漏物对水栖生物和底栖生物的危害控制到最小。有时为了确定和标记出污染区，需要潜入水中作业。

选用何种设备和清理方法取决于下列情况：

（1）要清淤的沉淀物的类型及量。

（2）清淤现场的自然和水文特征。

（3）设备易得性。

大多数清淤设备受波浪和水流的影响。清淤要求水域最大波高不能超过0.3~1 m，最大水流流速不能超过3~5 n mile/h。清淤设备必须由专业人员操作。

# 第四节　海上溢油应急处置

溢油污染是各种海洋污染类型中发生频率最高、分布面积最广、危害程度最大的一种。随着全球经济一体化进程的加快，海上交通运输业的发展和海洋油气资源的进一步勘探开发，海上溢油事故也不断地增多。特别是大型溢油事故的大面积海上油污染，往往会造成大量海鸟和鱼、贝类的中毒甚至死亡，海洋动、植物群落发生重大改变，其结果导致海域生态平衡被打破，一些渔场、养殖区、旅游景观和海水浴场遭到破坏。而且由于溢油事故经常伴随火灾的发生，致使海岸设施和船舶蒙受毁灭性损坏，甚至造成人身伤亡等。海上溢油不仅污染了海洋环境，也造成了海洋生物资源的锐减，破坏了海洋生态平衡，已直接或间接地威胁着人类的生存环境。

在我国海域，大连、青岛等港口都曾发生过千吨左右的溢油事件。由于防治设备、清除器材等配备不足，缺乏专业化队伍以及没有海上溢油处置经验和相应行之高效的应用技术，致使处理效果都不理想，常常使海岸和近岸水域受到污染。

海上发生溢油时，一般先采用化学法（使用集油剂）、气幕法和围油栏将溢油挡住，防止其更大范围扩散；然后再利用油回收船、吸油材料、吸油装置和油处理剂（包括化学处理剂和生物处理剂）等方法来处理。但是，在实际应用时，由于受溢油时气象和溢油区水文等各种条件的影响，还要根据溢油本身的性质和溢油量，从实际出发、随机应变，采取适当的措施，选择有效并又可行的处理方法。

**一、溢油防扩散**

海上溢油发生时，一般先把溢油围起来，防止其继续扩散，以便于回收和处理。目前防止溢油扩散的成形技术主要有三种：喷洒集油剂、铺设围油栏和气幕法。

1. 喷洒集油剂

集油剂是一种防止油扩散的界面活性剂，亦可以说是一种化学围油栏。集油剂能够防止溢油沿水平方向扩散，机理是其成分中的表面活性剂可以大大减少水的表面能，因此改变了水—油—空气三相界面的张力平衡，驱使入海溢油进入厚层。

当溢油层较薄、使用回收机械很难收效时，宜喷洒集油剂。比例为每平方千米溢油面喷洒 50 L 集油剂。集油剂应用于整片溢油区的外围，阻止溢油扩散，缩小溢油面积，使油层厚度增加到 5～10 mm。在操作过程中，定时添加少量集油剂，使油保持状态，便于回收装置的操作，提高油回收器的使用效率。

液态的集油剂采用压力喷头由岸边或船上喷到水面上，先使集油剂形成一薄膜，随后不断添加，以补充风引起的集油剂的损失，维持其围油的效果。当集油剂以小滴或半固体集合体停留在水面上时就说明集油剂过量了，可暂时停止喷洒集油剂，待这种现象消失后再添加，避免浪费。

油厚对集油效果有直接影响。研究结果表明，油层厚度每增加 0.4 mm，油面回缩的面积会减少 10%，此时即使增加集油剂也无法提高集油率。正确的做法是一旦油层在集油剂的作用下增厚到 5~10 mm，就可使用回收装置，并及时回收集化的溢油。

集油剂宜在海岸、港区、海滨附近或炼油厂排水口使用，当风与海岸平行或远离海岸时，集油剂集油效果理想。当风速大于 2 m/s 时不宜使用，因为此时风产生的风压水流速度超过了集油剂形成的表面膜的伸展速度。

集油剂撒布作业比围油栏容易而且迅速，所以，一旦溢油时，作为应急措施，首先撒布集油剂，阻止溢油的扩散，然后再配置围油栏，也是一种理想的程序。另外，为了防止溢油向特定的水域（如鱼场）扩散，撒布集油剂也是可行的手段。根据试验和使用的经验证明，集油剂对防止非持续性油（煤油、柴油、轻油等）和重油的扩散是有效的。

2. 铺设围油栏

围油栏是防止溢油扩散、缩小溢油面积、配合溢出油回收的有效器材。为了能最理想地防止溢油扩散，根据溢油性质和溢油海区水文气象条件及周围环境状况确定围油栏铺设方法也是相当重要的。围油栏铺设方法基本有以下 5 种。

1）包围法

在溢油初期或者单位时间溢出量不多以及风和潮流的影响因素都较小的情况下，采用包围溢油源的方法。如果由于风和潮流的原因溢油有可能从围油栏漏出的情况下，可铺设两道围油栏。根据溢油回收作业的需要，应设作业船、油回收船的进出口。

2）等待法

在溢油量大、围油栏不足或者风和潮流影响大、包围溢油困难的情况下，采用等待法拦油。该法是根据风向、潮流情况在离溢出源一定距离铺设围油栏，等待拦油。也可根据具体情况铺设两道或三道围油栏。

3）闭锁法

在港域狭窄的水路、运河等地发生溢油时，可采用围油栏将水路闭锁的方法防止溢油扩散。若在水的流速大、闭锁有困难或者全闭锁会影响交通的情况下，可采用中央开口式的铺设法，也可铺设两道或三道围油栏。

4）诱导法

在溢出油油量大，风流、潮流的影响也大，溢油现场用围油栏围油不可能的时候，或者为了保护海岸以及水产资源，可利用围油栏将溢油诱导到能够进行回收作业或者污染影响较小的海面上，根据现场实际情况可设多道围油栏。

5）移动法

在深水的海面或风流、潮流大的情况下以及使用锚不可能或者溢油在海面漂流的范围已经很广的场合，多采用移动法围拉拦油。该法需要两艘作业船拖。

实际铺设时可根据具体情况灵活应用。也可以两种方法或两种以上方法同时并用，并且还应考虑随时变化的自然条件，以便有计划地采取相应的措施。

3. 气幕法

气幕法是一种特殊形式的防止溢油扩散装置。它是由空气压缩机、多孔管构成。多孔管铺设在水下，由空压机供给压缩空气，当空气从管孔中逸出时在水中形成气泡上浮，同时伴随产生的上升水流在海表面形成表面流，利用表面流防止溢油扩散。

气幕法拦油多用于港区、运河地区、潮流在 0.6 kn 以上区域。该法的优点是使用方便、迅速、受风浪的影响较小、造价低；另外，海底式气幕船舶可以自由航行，快速赶赴现场，但多孔管气孔易被沉积物以及海洋附着生物堵塞，这个问题应予以重视。

## 二、溢油回收

海上溢油回收，有人工回收、吸油材料回收和机械回收三种方法。

1. 人工回收

人工回收是相对使用专门回收机械而言。就其使用的工具来讲，轻便、简单易行。当溢油量少、气象条件好的情况下，溢油发生以后，可立即组织人员，用汕板、小船、渔船或拖轮等（也可用网具、撒油器、吸油材料、油处理剂等）将溢油回收处理。另外，当溢油扩散到岸边时，采用人海战术回收也是最常用的方法之一。

**2. 吸油材料回收**

利用吸油材料回收海面溢油，是经常采用的一种简单而有效的方法。而且由于该法不产生二次公害，被广泛用来防除油污。

能够用作吸油材料的物质很多，其中主要有以下几种：

（1）高分子材料：聚丙烯、聚氨酯、聚乙烯和聚酯等。

（2）天然纤维：稻草、麦秆、草碳纤维、纸渣、纸、木屑、芦苇、鸡毛等。

（3）无机材料：碳粉、珍珠岩、浮石、硅藻土、玄武石等。

至今，应用最多的是聚丙烯和聚氨酯为原料制成的吸油材料以及利用天然纤维加工处理制成的吸油材料。聚丙烯、聚氨酯制成的吸油材料，吸油性能好，效率高，吸油量至少在自重的 10 倍以上，而且不易变质，弹性、韧性好，能够反复使用，但价格比天然纤维吸油材料贵。

利用吸油材料回收溢油时，通常是直接向溢油上撒布，并应尽量向油多的地方撒布。当吸油量达到饱和状态时，及时回收。当使用二道围油栏拦截溢油时，亦可利用吸油材料回收第一道围油栏漏出的油。

当撒布的吸油材料数量少时，在岸上或围油栏外侧，乘小船或作业船，人工用工具将吸油材料捞起，放入桶里或塑料袋里即可。如果大量撒布时，可用作业船拖带网袋回收。在风浪较大的现场，吸油材料的回收是很困难的。为此，国外也有采用把吸油材料装在长形网袋中，形成一条围油栏的形状用拖船拖带，当吸油材料吸油饱和后，收拢网袋，回收吸收材料。这种方法的优点是吸油材料不需单独撒布，不会跑掉，而且在一定程度上又起到了拦油作用。

常用的吸油材料都能重复使用，但有些天然纤维吸油材料只能使用一次。不论一次性使用的吸油材料，还是重复性使用的吸油材料，最终处理方法几乎都是燃烧处理。值得注意的是，国外某些聚氨酯吸油材料虽然容易燃烧，但会产生少量的有害气体。而聚丙烯吸油材料燃烧处理困难，要求高温，需专用炉来处理，并且容易固结。

**3. 机械回收**

用于回收海面溢油的机械通常有：油回收船、油吸引装置、网袋回收装置和油拖把装置等。由于每种油回收装置都有一定的局限性，故近年来在溢油回收实际应用中往往针对溢出油油种和发生溢油海区的现场海况，采用两种或多种回收装置共同作业。

1）油回收船

油回收船的种类繁多，各有长处和短处，共同的特点是在平静的海面和油层厚的情况下，回收效果好，但由于溢油的性状和海上水文气象条件等不同，差别也很大。

溢油回收船按船体分，有单体船和双体船之分。单体船的回收装置又有单侧和双侧回收两种；双体船的回收装置在双体之间，这种形式对溢油回收很有利，所以新近建造的油回收船大多都是双体船。

回收船的溢油回收效果好坏，除船本身的性能外，更主要取决于船上的溢油回收装置性能，根据被回收溢油的种类，在海上漂浮的性状以及回收船所适应的海域等情况，现已经设计制造出多种类型的油回收装置。其主要类型分别为倾斜板式、吸引式、可变堰流入式、皮带式、转筒吸附式、刮板式以及混合式等。

2）油吸引装置

油吸引装置又称撇油装置，它是海上大量溢油且油层较厚（或溢油初期及利用围油栏缩小溢油面积，增加油膜厚度）时回收溢油的有效装置之一。油吸引装置的种类较多，基本原理是利用流体力学结构把周围海面溢油吸引到本体内，并使油膜变厚，利用自身的泵或船乃至岸上的泵等设施，将吸引入的油输送到船或岸上的接受设备里。

3）网袋回收装置

高黏度的溢油漂浮在海面上，由于风浪的作用逐渐形成片、块状，尤其在冬季低温度时更容易形成。另外，亦可以使用凝油剂使一些黏度低的油在海面凝结成块。对于这样的溢油可采用网袋回收装置回收。

网袋回收装置进行回收作业时，将网袋回收装置放到海上，由两艘拖船和一艘作业船指挥，监视浮油回收，封闭袋口，拆、装网袋等。网袋回收油块满后，拆卸下并拖带到船或岸边，吊送到接受设备里，运至处理设施中进行处理。

网袋回收装置具有结构简单、造价低、便于保管的优点，并且它除了回收溢油外，还可以回收漂浮在海面上的吸油材料和垃圾等。

4）油拖把回收装置

油拖把回收装置是以聚丙烯等吸油性能好并且能够反复使用的纤维吸油材料制成的松软油拖把，由于聚丙烯具有亲油疏水的特性，因此对浮油有良好的吸附功能。油拖把有直径为 10 m、15 m、22 m、30 m、60 m、90 m、100 m 6 种规格，直径越大，吸油率越高。一般小直径油拖把应用于内河及港湾码头，大直径油拖把可用于外海域大面积的溢油处理。

油拖把是靠油拖把机传动的。当油拖把接触水面油层时，油就被油拖把上的纤维吸收；当油拖把离开水面，在后面导轮上进行反向移动和经过油拖把机中的两个滚轮当中时，吸附的浮油被挤压出来流入油槽，然后油拖把继续进入水面重复吸油过程。通常在溢油回收时，是将油拖把机及油拖把装于双体船上，配以输油泵等成为浮油回收船。作业时，利用油拖把机的变速将油拖把速度调整到与水流速度相等（即相对速度为 0），此时油拖把接触水面吸收浮油，不致扰动油层使油水混合，因此有较好的回收效果。

### 三、溢油处理

常用的溢油处理方法有沉降处理、燃烧处理、凝固浮上处理、乳化分散剂处理和生物处理。

1. 沉降处理

沉降处理是把比重大的亲油性物质撒布于溢油上与油一起沉降到海底。常用的材料主要有碳酸钙、石膏、沙子等。如荷兰利用一艘挖泥船将海底的沙子挖起来，在船上作亲油处理后撒布于溢油上，使这些沙子将油带沉到海底。该船平时从事正常的疏浚工作。

沉降处理是一种经济可行的处理大量溢油的方法，在一定的场合下采取该法迅速方便。但在渔场区长时间使用会对渔网造成污染，并且沉降后的溢油对海底鱼、贝类的污染严重，如受潮流影响迁移至经济品种养殖区其危害就更大。因此沉降处理溢油只能限于特定海域、特定条件下使用。

2. 燃烧处理

燃烧法也是处理海上溢油的一种方法。过去由于人们担心燃烧的蔓延以及薄油层燃烧困难等原因，这种处理方法很少使用，但仍有不少利用燃烧处理取得成功的实例。如"托里·坎昂"号船发生事故，利用爆炸燃烧处理船内残存原油约 $3×10^4$ t 取得了成功；"埃巴乌"号油船搁浅，利用灯芯材料和引火剂燃烧 1 万多吨溢油也取得了成功。

如果海上漂浮的薄油层燃烧困难，除用引火材料（金属钠、镁等）外，还需用灯芯材料（麦秆、稻草、珍珠岩等）帮助燃烧。

采用燃烧法有如下优点：

（1）能够短时间燃烧大量的溢出油。

（2）比其他处理方法处理得彻底。

（3）对海洋底栖生物无影响。

（4）不需人力和复杂的装置，且处理费用低。

为防止燃烧蔓延，利用燃烧法处理溢油时要远离海岸及海上设施和船舶停泊的地方。在油量多、油层厚、扩散迅速的情况下，需采用耐火性围油栏或集油剂。

3. 凝固浮上处理

该处理方法是通过使用一种化学凝固剂又称油凝胶剂，使溢油尤其是海面漂浮的低黏度溢油固化，形成松软的块状，再采用网袋回收装置等机械回收方法，这样很便于回收。

采用凝固浮上处理的优点是，凝固剂毒性低，处理后的油块便于回收，不受风浪影响，并能有效地防止溢油扩散，提高围油栏和回收装置的使用效率。尤其是在油轮刚发生事故出现破洞时，及时使用凝固剂，可以防止或减少溢油的泄漏。

4. 乳化分散剂处理

乳化分散剂又称为化学分散剂、油分散剂和消油剂，是至今使用最多的油处量剂。乳化分散剂喷洒在海面溢油（尤其是经过回收处理后的薄油膜）上之后，经搅拌或波浪作用，将浮油分散成微小颗粒，加速了油在海水中的物理扩散、化学分解和微生物降解过程，从而达到清洁海面的目的。目前世界各国对使用化学消油剂处理海面溢油的态度不同，有的允许使用，有的采取"有条件"使用。

化学消油剂具有以下优点：

（1）能快速降低油水界面张力，使油膜乳化形成水包油型微粒子而分散于水体中，不仅降低了油分浓度，而且也增大了油粒子的表面积，从而增进了石油的溶解和蒸发，有利于海水中的生物降解和氧化作用（主要是光氧化反应）的进行，加速了海水中石油的自然净化消散过程。

（2）由于形成了水包油型微粒子，使水生生物不能与油粒子表面直接接触，避免或减少石油对水生生物的毒害。

（3）防止形成油包水型乳状液（巧克力奶油冻），减少了石油沉积，尤其是形成水包油型乳状液后，使石油失去了黏附力，不再黏附船舶、礁石和海上建筑物，降低了石油对水面生物的附着力和对鸟类的毒性。

（4）在海浪高于 1.5 m 的情况下，不能使用围油栏和撇油器等清除溢油，而只能选用直接喷洒化学消油剂的方法，实现对海面大面积溢油的控制和清除处理。

化学消油剂有以下缺点：

（1）在短暂时间内化学消油剂的局部浓度较高，并且被分散到油包水体内。可能与水体内的生物有短暂接触，同时会给某些生物的发育生长带来影响。

（2）目前市场上流通的化学消油剂，对高黏稠油（如高黏度重油、高蜡质油等）以及在低温（10 ℃ 以下）下使用，还存在着乳化率低或无效的弱点。

5. 生物处理

采用生物方法（即利用降解石油烃微生物降解）处理海上溢油，是一种能够彻底将石油烃从海洋环境中清除的理想方法。但一直只处于研究阶段，尚没有一种实用技术在溢油现场得到很成功的应用。近期国际上的一些研究表明，生物处理技术已经在某些区域得到试验性应用，并有可能开发成一种很有应用前景的技术。例如，据美国联邦环保官员称，近期有关方面利用"食油"微生物清理油污海滩试验取得了可喜的初步进展，因而有可能以生物处理方式清理一部分"瓦尔德兹"号油轮漏油污染的海滩。

我国这方面的研究在"八五"期间也有很大的突破。国家海洋环境监测中心在"近海油污染微生物降解技术研究"中，分离和筛选出了 3 株具有广泛应用前景的高效降解石油烃微生物。如果进一步开发研究并形成油污生物处理剂，将会打开海上溢油生物处理的大门。

### 四、溢油处置方法的现场选择

应根据溢油的性质、溢油量、气象水文条件以及对溢油现场海域、周围环境近期和长远的影响选择溢油处置方法，并对可能采用方法进行经济效益比较分析后，再最终选择最佳的处置方法。

1. 根据油种选择

1）流动点高的原油

我国原油（如大庆、胜利、任丘原油）、印尼原油等流动点的温度均在 30 ℃以上，运输过程中需加温。一旦该类油种的原油溢流到海面上，遇海水冷却凝固，经波浪作用，形成大小不等的片状和块状在海面上漂浮。对于这样的海面溢油，如采用化学分散剂和吸油材料吸收可以说是无效的；而采用刮板式、倾斜板式回收船和网袋回收装置以及人工方式回收是很有效的。

2）流动点低的原油

流动点低的中东、阿拉伯原油，一旦溢流到海面，迅速扩散的同时低沸点成分也不断挥发，在有可能引起火灾以前，作为应急处理措施，喷洒油分散剂使溢油乳化分散于海面下是很必要的，但溢出油经过 30 min 低沸点成分几乎挥发完了之后，是否使用油分散剂，需根据现场情况而定。对该种原油可考虑使用围油栏、油回收船（刮板式不能用）、油吸引装置、吸油材料、油拖把等。

如果溢油在海上漂浮数日，由于风浪的作用，油层中含有大量的微细水滴，含水量达 70% 以上时，形成了油性乳化油，其黏度达 1 J·s/kg 以上，相对密度接近于 1。这样高黏度的溢油采用上述回收方法显然是无效的，可采用流动点高的溢油处理方法回收。

3）重油等燃料油

这样的油多数黏度低，不容易凝固，利用油处理剂、吸油材料、油吸引装置、油回收船、油拖把等装置能够回收。但其中某些重油（如日本的 B 重油和 C 重油）在海上漂浮时间长，也能生成高黏度的油性乳化油，采用流动点高的溢油处理方法回收最为适宜。

2. 根据溢出油量选择

溢出油量一般按小、中、大分为以下 3 类：10 t 以下、10~500 t，500 t

以上。

1) 10 t 以下的溢油场合

这种场合多属油轮装卸时的跑、冒、滴、漏和小型油轮发生事故以及岸上油罐溢油事故等,多数是在港区内发生的溢油,一般海况比较平稳,事故一旦发生,立即铺设围油栏,防止扩散,并使用吸油材料、简易的撇油工具等进行人工回收。海面上剩下的残油用油分散剂清洁净化处理。

2) 10~500 t 的溢油场合

在这种溢油场合下,如果仅靠人工回收是很困难的。根据溢油性状、气象条件、水文情况,可考虑选择使用围油栏、吸油材料、油回收船、油吸引装置、网袋装置、油拖把等回收溢油。

3) 500 t 以上的溢油场合

海上发生大量溢油事故时,如果天气情况恶劣,而且溢油事故的海域远离沿岸和海上回收溢油设施,在这种情况下,除了利用上述各种处理方法外,利用燃烧法处理也是一种有效手段。

3. 根据气象水文条件进行选择

目前能使用的防止溢油扩散和回收装置,在风浪、潮流大的场合下其效果都较差。在外海风浪大的气象条件下发生溢油事故,一般不能采用物理法处理。因为围油栏一般只适用于风速 15 m/s、潮流 2 kn、波高 2~3 m 以下海况条件下使用;油回收船、油吸引装置、吸油材料等在平静海面回收效果良好,但在大风大浪的外海现场一般不适合使用。这时,可考虑使用分散剂或燃烧处理。化学分散剂借助风浪的搅拌作用,使乳化分散溢油的效果良好。

# 第三章　危险化学品火灾爆炸事故应急处置

## 第一节　火灾爆炸事故概述

危险化学品易发生火灾、爆炸事故，但不同性质的化学品在各种情况下发生火灾、爆炸时，其扑救方法差异很大。若处置不当，不仅不能有效地扑灭火灾，反而会使灾情进一步扩大。

根据火灾、爆炸的成灾机理，发生火灾、爆炸均是由于化学品本身的燃烧或爆炸特性引起的。一方面，物质本身具有燃烧或爆炸的性质，如果达到引发条件，一旦控制不当，就会发生火灾或爆炸事故；另一方面，物质虽然本身不具备燃烧或爆炸性质，但与其他物质接触时，也能够发生火灾或爆炸事故，如不燃的强氧化剂。此外，危险化学品燃烧产物大多具有较强的毒害性，极易造成人员中毒、灼伤，导致处置火灾爆炸事故非常危险。因此，了解危险化学品的火灾与爆炸危害，正确处理化学品火灾与爆炸事故，对搞好危险化学品应急救援工作具有重要意义。

### 一、火灾事故处置原则

1. 先询情、后处理的原则

应迅速查明燃烧或爆炸范围、燃烧或发生爆炸的引发物质及其周围物品的品名和主要危险特性、火势蔓延的主要途径、燃烧或爆炸的危险化学品及燃烧或爆炸产物是否有毒。

2. 先控制、后灭火的原则

危险化学品火灾有火势蔓延快和燃烧面积大的特点，应采取统一指挥、以快制快和堵截火势、防止蔓延以及重点突破、排除险情；分割包围、速战速决的灭火战术。

发生爆炸时，迅速判断和查明再次发生爆炸的可能性和危险性，紧紧抓住爆炸后和再次发生爆炸之前的有利时机，采取一切可能的措施，全力制止再次爆炸的发生。

在扑救大型储罐火灾时，首先冷却周围罐和着火罐，保持着火罐稳定燃烧，待泄漏源得以控制后一举灭火。如果泄漏源不能控制，则采用控制燃烧的方式保持着火罐稳定燃烧。

3. 先救人、后救物的原则

坚持"以人为本"的原则。当发生火灾（爆炸）事故时，先救人，后抢救重要物品，救人时要坚持先自救、后互救的原则。

4. 重防护、忌蛮干的原则

进行火情侦察、火灾扑救、火场疏散的人员应有针对性地采取自我防护措施，佩戴防护面具，穿戴专用防护服等。

扑救人员应位于上风或侧风位置，切忌在下风侧进行灭火。

5. 统一指挥、进退有序的原则

事故救援人员要听从现场指挥员的统一指挥、统一调动，坚守岗位，履行职责，密切配合，积极参与处置工作。要严格遵守纪律，不得擅自行动，防止出现现场混乱，严防各类事故的发生。

对有可能发生爆炸、爆裂、喷溅等特别危险需紧急撤退的情况，应按照统一的撤退信号和撤退方法及时撤退。撤退信号应格外醒目，能使现场所有人员都看到或听到，并应经常演练。

6. 清查隐患、不留死角的原则

火灾扑灭后，仍然要派人监护现场，消灭余火。对于可燃气体没有完全清除的火灾，应注意保留火种，直到介质完全烧尽。对于在限制性空间发生的火灾，要加强通风，防止可燃、易燃气体积聚引发二次火灾、爆炸。对于遇湿易燃物品和具有自热、自燃性质的物品，要清除彻底，避免后患。

火灾单位应当保护现场，接受事故调查，协助消防部门调查火灾原因，核定火灾损失，查明火灾责任；未经消防部门的同意，不得擅自清理火灾现场。

**二、火灾爆炸事故处置注意事项**

1. 进入现场的注意事项

（1）现场应急人员应正确佩戴和使用个人安全防护用品、用具。

（2）消防人员必须在上风向或侧风向操作，选择地点必须方便撤退。

（3）通过浓烟、火焰地带或向前推进时，应用水枪跟进掩护。

（4）加强火场的通信联络，同时必须监视风向和风力。

（5）铺设水带时要考虑如果发生爆炸和事故扩大时的防护或撤退。

（6）要组织好水源，保证火场不间断地供水。

（7）禁止无关人员进入。

2. 个体防护

（1）进入火场人员应穿防火隔热服，佩戴防毒面具。

（2）应用移动式消防水枪保护现场抢救人员或关闭火场附近气源闸阀的人员。

（3）如有必要身上还应绑上耐火救生绳，以防万一。

3. 火灾扑救

（1）首先要尽可能切断通往多处火灾部位的物料源，控制泄漏源。

（2）主火场由消防队集中力量主攻，控制火源。

（3）喷水冷却容器，可能的话将容器从火场移至空旷处。

（4）处在火场中的容器突然发出异常声音或发生异常现象，必须马上撤离。

（5）发生气体火灾，在不能切断泄漏源的情况下，不能熄灭泄漏处的火焰。

4. 不同化学品的火灾控制

正确选择最适合的灭火剂和灭火方法。火势较大时，应先堵截火势蔓延，控制燃烧范围，然后逐步扑灭火焰。

# 第二节　灭火方法与灭火剂选择

**一、灭火方法**

我国现有灭火剂种类较多，一般分为五大类几十个品种，包括水系灭火剂、泡沫灭火剂、干粉灭火剂、气体灭火剂和金属火灾的特种灭火剂。使用时应根据火场燃烧物质的性质、状态、燃烧时间、燃烧强度和风向风力等因素正确选择灭火剂，并与相应的消防设施配套使用，才能发挥最大的灭火效能，避免因盲目使用灭火剂而造成适得其反的结果，将火灾损失降低到最低水平。

1. 火灾分类

火灾是在时间和空间上失去控制的燃烧所造成的灾害。不同的物质具有不同的物理特性和化学特性，燃烧也具有各自的特点，根据物质燃烧的特性，新颁布的国家标准《火灾分类》（GB/T 4968—2008）将火灾分类由原来的 4 类更改为 6 类：

（1）A 类火灾：固体物质火灾。这种物质通常具有有机物性质，一般在燃烧时能产生灼热的余烬。如木材、棉、毛、麻、纸张火灾等。

（2）B 类火灾：液体或可熔化的固体物质火灾。如汽油、煤油、柴油、原油、甲醇、乙醇、沥青、石蜡火灾等。

（3）C 类火灾：气体火灾。如煤气、天然气、甲烷、乙烷、丙烷、氢气火灾等。

（4）D 类火灾：金属火灾。如钾、钠、镁、钛、锆、锂、铝镁合金火灾等。

（5）E 类火灾：带电火灾。物体带电燃烧的火灾。

（6）F 类火灾：烹饪器具内的烹饪物（如动植物油脂）火灾。

2. 灭火原理

灭火就是破坏燃烧条件，使燃烧反应终止的过程，其基本原理可归纳为四个方面：冷却、窒息、隔离和化学抑制。

（1）冷却。对一般可燃物来说，能够持续燃烧的条件之一就是它们在火焰或热的作用下达到了各自的着火温度。因此，将可燃物冷却到其燃点或闪点以下，燃烧反应就会中止。水的灭火机理主要是冷却作用。

（2）窒息。通过降低燃烧物周围的氧气浓度可以起到灭火的作用。各种可燃物的燃烧都必须在其最低氧气浓度以上进行，否则燃烧不能持续有效地进行，因此通过降低燃烧物周围的氧气浓度可以起到灭火的作用。通常使用的二氧化碳、氮气、水蒸气等的灭火机理主要是窒息作用。

（3）隔离。把可燃物与引火源或氧气隔离开来，燃烧反应就会自动中止。

火灾发生时，关闭有关阀门，切断流向着火区的可燃气体和液体的通道；打开有关阀门，使已经发生燃烧的容器或受到火势威胁的容器中的液体可燃物通过管道导至安全区域，都是隔离灭火的措施。

（4）化学抑制。灭火剂与链式反应的中间体自由基反应，从而使燃烧的链式反应中断，使燃烧不能持续进行。常用的干粉灭火剂、卤代烷灭火剂的主要灭火机理就是化学抑制作用。

3. 灭火方法

灭火方法有多种多样，根据发生火灾的情况，主要有以下几种方法。

（1）冷却法。通过降低燃烧物的温度，使温度低于燃烧物的燃点，火自然就会熄灭。用水直接喷洒在燃烧物上，以降低燃烧物的热量，把温度降低到该物质的燃点以下；用水喷洒在火源附近的建筑物或其他物体、容器上，使它们不受火焰辐射的威胁，避免起火或爆炸。

（2）窒息法。通过阻止空气流入燃烧区或用不燃物质冲淡空气，使燃烧物得不到足够的氧气而熄灭的灭火方法。具体方法有：

①用沙土、水泥、湿麻袋、湿棉被等不燃或难燃物质覆盖燃烧物；

②喷洒雾状水、干粉、泡沫等灭火剂覆盖燃烧物；

③用水蒸气或氮气、二氧化碳等惰性气体灌注发生火灾的容器、设备，密闭起火建筑、设备和孔洞，把不燃的气体或液体（如二氧化碳、氮气、四氯化碳等）喷洒到燃烧物区域内或燃烧物上。

（3）隔离法。通过将正在燃烧的物质与周围未燃烧的可燃物质隔离或移开，中断可燃物质的供给，使燃烧因缺少可燃物而停止。具体方法如下：

①把火源附近的可燃、易燃、易爆和助燃物品搬走；

②关闭可燃气体、液体管道的阀门，以减少和阻止可燃物质进入燃烧区；

③设法阻拦流散的易燃、可燃液体；

④拆除与火源相毗连的易燃建筑物，形成防止火势蔓延的空间地带。

（4）抑制灭火法。通过灭火剂参与燃烧的连锁反应，使燃烧过程中产生的游离基消失，形成稳定分子或低活性的游离基，从而使燃烧反应停止。具体方法为：灭火时，把灭火剂干粉、"1211"（二氟一氯一溴甲烷）、"1200"（二氟二溴甲烷）等足够量准确地喷射在燃烧区，使灭火剂参与和中断燃烧反应。同时要采取必要的冷却降温措施，以防止复燃。

## 二、灭火剂选择

灭火剂是指能够有效地破坏燃烧条件，即物质燃烧的三个要素（可燃物、助燃物和着火源），终止燃烧的物质。

根据灭火机理，灭火剂大体可分为两大类：物理灭火剂和化学灭火剂。物理灭火剂主要是通过减少空气中氧气浓度来达到灭火目的，而化学灭火剂则是通过减少自由基的浓度而起灭火作用。

物理灭火剂不参与燃烧反应，它在灭火过程中起到窒息、冷却和隔离火焰的作用，在降低燃烧混合物温度的同时，稀释氧气，隔离可燃物，从而达到灭火的效果。物理灭火剂包括水，泡沫灭火剂，二氧化碳、氮气、氩气及其他惰性气体灭火剂。

化学灭火剂是通过切断活性自由基（主要指氢自由基和羟自由基）的连锁反应而抑制燃烧的。化学灭火剂包括卤代烷灭火剂、干粉灭火剂等。

1. 水及水系灭火剂

1）水

水是最便利的灭火剂，具有吸热、冷却和稀释效果，它主要依靠冷却、窒息及降低氧气浓度进行灭火，常用于扑灭 A 类火灾。

水在常温下具有较低的黏度、较高的热稳定性和较高的表面张力，但在蒸发时会吸收大量热量，能使燃烧物质的温度降低到燃点以下。水的热容量大，1 kg 水温度升高 1 ℃，需 4.1868 kJ 的热量，1 kg 100 ℃的水汽化成水蒸气则需要吸收 2.2567 kJ 的热量；同时水汽化时，体积增大 1700 多倍，水蒸气稀释了可燃气体和助燃气体浓度，并能阻止空气中的氧通向燃烧物，阻止空气进入燃烧区，从而大大降低氧的含量。

水可以用来扑救建筑物和一般物质的火灾，稀释或冲淡某些液体或气体，降低燃烧强度；浸湿未燃烧的物质，使之难以燃烧；能吸收某些气体、蒸气和烟雾，有助于灭火；能使某些燃烧物质的化学分解反应趋于缓和，并能降低某些爆炸和易燃物品如黑色火药、硝化棉等的爆炸和着火性能。

当水喷淋呈雾状时，形成的水滴和雾滴的比表面积将大大增加，增强了水与火之间的热交换作用，遇热能迅速汽化，吸收大量热量，以降低燃烧物的温度和隔绝火源，从而强化了其冷却和窒息作用。另外，对一些易溶于水的可

64

燃、易燃液体还可起稀释作用，能吸收和溶解某些气体、蒸气和烟雾，如二氧化硫、氮氧化物、氨等，对扑灭气体火灾、粉尘状的物质引起的火灾和吸收燃烧物产生的有毒气体都能起一定的作用。采用强射流产生的水雾能使可燃、易燃液体产生乳化作用，使液体表面迅速冷却、可燃蒸气产生速度下降而达到灭火的目的。

水的禁用范围：

①不溶于水或密度小于水的易燃液体引起的火灾，若用水扑救，则水会沉在液体下层，被加热后会引起爆沸，形成可燃液体的飞溅和溢流，使火势扩大；

②遇水产生剧烈燃烧物的火灾，如金属钾、钠、碳化钙等，不能用水，而应用砂土灭火；

③硫酸、盐酸和硝酸引发的火灾，不能用水流冲击，因为强大的水流能使酸飞溅，流出后遇可燃物质，有引起爆炸的危险；酸溅在人身上，能灼伤人；

④电气火灾未切断电源前不能用水扑救，因为水是良导体，容易造成触电；

⑤高温状态下化工设备的火灾不能用水扑救，以防高温设备遇冷水后骤冷，引起形变或爆裂。

2）水系灭火剂

通过改变水的物理特性、喷洒状态达到提高灭火的效能。细水雾、超细水雾灭火技术就是大幅增加水的比表面积，利用 40～200 μm 粒径的水雾在火场中完全蒸发，起到冷却效果好、吸热效率高的作用。采用化学方法，通过在水中加入少量添加剂，改变水的物理化学性质，提高水在物体表面的黏附性，提高水的利用率，加快灭火速度，主要用于 A 类火灾的扑灭。

水系灭火剂主要包括以下几种。

（1）强化水。增添碱金属盐或有机金属盐，提高抗复燃性能。

（2）乳化水。增添乳化剂，混合后以雾状喷射，可灭闪点较高的油品火，一般用于清理油品泄漏。

（3）润湿水。增添具有湿润效果的表面活性剂，降低水的表面张力，适用于扑救木材垛、棉花包、纸库、粉煤堆等火灾。

（4）滑溜水。增添减阻剂，减少水在水带输送过程中的阻力，提高输水

65

距离和射程。

（5）黏性水。增添增稠剂，提高水的黏度，增强水在燃烧物表面的附着力，还能减少灭火剂的流失。因此，发生火灾时，需选用水系灭火剂时，一定要先查看其简要使用说明，正确选用灭火剂。

2. 泡沫灭火剂

泡沫灭火剂是指能与水相融并且可以通过化学反应或机械方法产生灭火泡沫的灭火剂，适用于 A 类、B 类和 F 类火灾的扑灭。

泡沫灭火剂灭火主要是水的冷却和泡沫隔绝空气的窒息作用：①泡沫的比重一般为 0.01~0.2，远小于一般的可燃、易燃液体，因此可以浮在液体的表面，形成保护层，使燃烧物与空气隔断，达到窒息灭火的目的；②泡沫层封闭了燃烧物表面，可以遮断火焰的热辐射，阻止燃烧物本身和附近可燃物质的蒸发；③泡沫析出的液体可对燃烧表面进行冷却；④泡沫受热蒸发产生的水蒸气能够降低氧的浓度。

目前常用的泡沫灭火剂主要有：蛋白泡沫灭火剂、氟蛋白泡沫灭火剂、水成膜泡沫灭火剂、抗溶水成膜泡沫灭火剂和 A 类泡沫灭火剂等。

1）蛋白泡沫灭火剂（P）

蛋白泡沫灭火剂是以动物或植物性蛋白质的水解浓缩液为基料，加入适当的稳定剂、防腐剂和防冻剂等添加剂的起泡性液体。主要成分是水和水解蛋白，按与水的混合比例来分有 6% 型和 3% 型两种。

蛋白泡沫灭火剂主要用于扑救各种非水溶性可燃液体火灾，如各种石油产品、油脂等 B 类火灾，也可用于扑救木材、橡胶等 A 类火灾。由于其具有良好的稳定性，因而被广泛用于油罐灭火中。此外，蛋白泡沫灭火剂的析液时间长，可以较长时间密封油面，常将其喷在未着火的油罐上防止火灾的蔓延。使用蛋白泡沫灭火剂扑灭原油、重油贮罐火灾时，要注意可能引起油沫沸溢或喷溅。

蛋白泡沫灭火剂与其他几种泡沫灭火剂相比，其主要优点是抗烧性能好、价格低廉。主要缺点是流动性差、灭火速度慢和有异味、贮存期短、易引起二次环境污染。

2）氟蛋白泡沫灭火剂（FP）

向蛋白泡沫灭火剂中添加少许氟碳表面活性剂即成氟蛋白泡沫灭火剂。氟蛋白泡沫灭火剂原料易得、价格低廉，添加的氟碳表面活性剂改善了蛋白泡沫的流动性和疏油能力，其中含有的二价金属离子增强了泡沫的阻热和贮存稳定性，是目前国内使用最多的泡沫灭火剂。

氟蛋白泡沫灭火剂主要用于扑救各种非水溶性可燃液体和一般可燃固体火灾，特别被广泛用于扑救非水溶性可燃液体的大型贮罐、散装仓库、生产装置、油码头的火灾。在扑救大面积油类火灾时，氟蛋白泡沫与干粉灭火剂联用效果更好。

氟蛋白泡沫灭火剂在灭火原理方面与蛋白泡沫基本相同，但由于氟碳表面活性剂的加入，使其与普通蛋白泡沫灭火剂相比具有发泡性能好、易于流动、疏油能力强及与干粉相容性好等优点，其灭火效率大大优于普通蛋白泡沫灭火剂。缺点是有异味、贮存期短、易引起二次环境污染。

3）成膜氟蛋白泡沫灭火剂（FFFP）

成膜氟蛋白泡沫灭火剂是在氟蛋白泡沫的基础上通过加入氟碳表面活性剂和碳氢表面活性剂的复配物。此灭火剂进一步降低了泡沫液的表面张力，使其在可燃液体上的扩散系数为正值，迅速在燃烧液体表面上覆盖一层水膜，可以有效阻止可燃液体蒸气向外挥发，灭火速度也得到了进一步提高。这种泡沫灭火剂目前在一些欧洲国家有很广泛的使用，特别是在英国几乎全部采用这种灭火剂。

成膜氟蛋白泡沫灭火剂与氟蛋白泡沫灭火剂相比，最大的优点是封闭性能好，抗复燃性强。缺点是受蛋白泡沫基料的影响大，贮存期比较短。

4）水成膜泡沫灭火剂（AFFF）

水成膜泡沫灭火剂是由成膜剂、发泡剂、泡沫稳定剂、抗烧剂、抗冻剂、助溶剂、防腐剂等组成，又称"轻水"泡沫灭火剂。

这种泡沫灭火剂与成膜氟蛋白泡沫灭火剂相似，在烃类表面具有极好的铺展性，能够在油面上形成一张"毯子"。在扑灭火灾时能在油类表面析出一层薄薄的水膜，靠泡沫和水膜双重作用灭火。除了具有成膜氟蛋白泡沫灭火剂在油面上流动性好、灭火迅速、封闭性能好、不易复燃等特点外，还有一个优点就是储存时间长。正是由于这些优点，自 20 世纪 60 年代末研发以来，在世界各地得到了推广应用。后来又通过向其中加入一些高分子聚合物，阻止了极性溶剂吸收泡沫中的水分，可以减少极性溶剂对泡沫的破坏作用，使灭火剂泡沫能较长时间停留在极性溶剂燃料表面，最终达到能扑灭极性溶剂如醇、醚、酯、酮、胺火灾等。

水成膜泡沫灭火剂可在各种低、中倍数泡沫产生设备中使用，主要用于扑灭 A 类、B 类火灾。广泛用于大型油田、油库、炼油厂、船舶、码头、机库、高层建筑等的固定灭火装置，也可用于移动式或手提式灭火器等灭火设备，可与干粉灭火剂联用。

抗溶水成膜泡沫灭火剂由于对极性溶剂有很强的抑制蒸发能力，形成的隔热胶膜稳定、坚韧、连续，能有效防止对泡沫的损坏，主要用于扑灭 A 类和 B 类火灾，除可扑救醇、酯、醚、酮、醛、胺、有机酸等水溶性可燃、易燃液体火灾，亦可扑救石油及石油产品等非水溶性物质火灾，是一种多功能型泡沫灭火剂。

5）A 类泡沫灭火剂

A 类泡沫灭火剂由西方国家在 20 世纪 80 年代研发成功，并很快在美国、澳大利亚、加拿大、法国、日本等国家迅速推广。

A 类泡沫灭火剂主要由发泡剂、渗透剂、阻燃剂、降凝剂、稳泡剂、增稠剂等组成，是一种配方型超浓缩产品，泡沫液渗透性好，导电率低、表面张力低、析液时间长、泡沫的稳定性高。该泡沫液能节约大量消防用水，具有较强吸热效能，能在可燃物的表面形成一层防辐射热的保护层。并且无毒、无污染性，能生物降解，属于绿色环保型灭火剂，是 21 世纪各国重点开发研究的新型泡沫灭火剂。

压缩空气泡沫系统（CAFS）是 A 类泡沫灭火技术的基础，新型 A 类泡沫灭火剂与 CAFS 技术的完美结合相对于传统意义上的 A 类泡沫灭火剂有着极大的优势。

（1）发泡倍数的可调性。消防人员在使用过程中可以根据不同的燃烧物、燃烧状态调整泡沫混合液中混入压缩空气的体积，从而产生由湿到干等不同类型的泡沫，最大限度地提高扑灭火灾的能力。

（2）析液时间的可控性。消防人员在灭火的同时可选择将析液时间较长、垂直表面附着力较强的泡沫覆盖在火灾周围的设施，以达到防火的目的。

（3）无毒、无污染性。新型 A 类泡沫灭火剂不但能高效扑灭 A 类和 B 类火灾，而且有很好的防火作用，一旦发生火灾，能有效保护其周围的建筑物。

主要适用于城市建筑消防、森林防火、石油化工企业、大型化工厂、化工材料产品仓库等。

3. 干粉灭火剂

在常温下，干粉是稳定的，当温度较高时，其中的活性成分分解为挥发成分，提高其灭火作用。为了保持良好的灭火性能，一般规定干粉灭火剂的储存温度不超过49 ℃。

1）干粉灭火剂的分类

干粉灭火剂一般分为 BC 干粉、ABC 干粉和 D 类火灾专用干粉。

（1）BC 干粉灭火剂。BC 干粉灭火剂由碳酸氢钠（92%）、活性白土（4%）、云母粉和防结块添加剂（4%）组成。

（2）ABC 干粉灭火剂。ABC 干粉灭火剂由磷酸二氢钠（75%）和硫酸铵（20%）以及催化剂、防结块剂（3%）、活性白土（1.85%）、氧化铁黄（0.15%）组成。BC 干粉灭火剂和 ABC 干粉灭火剂中 90% 粒径不大于 20 $\mu$m 的称为超细干粉灭火剂。超细干粉灭火剂是目前国内外已使用的灭火剂中灭火浓度低、灭火速度快、效能高的品种之一，对大气臭氧层耗减潜能值（ODP）为零，温室效应潜能值（GWP）为零，对保护物无腐蚀，无毒无害，灭火后残留物易清理。

（3）D 类火灾专用干粉。根据原料的不同，D 类火灾专用干粉分为石墨类、氯化钠类和碳酸氢钠类。

2）干粉灭火剂的灭火原理

干粉灭火剂常贮存在灭火器或灭火设备中。除扑救金属火灾的专用干粉灭火剂外，干粉灭火剂主要通过在加压气体（二氧化碳或氮气）作用下，干粉从喷嘴喷出，形成一股雾状粉流，射向燃烧区。当喷出的粉雾与火焰接触、混合时，发生一系列的物理化学反应。

（1）干粉中的无机盐的挥发性分解物，与燃烧过程中所产生的自由基或活性基团发生化学抑制和副催化作用，使燃烧的链反应中断而灭火。

（2）干粉的粉末落在可燃物表面外，发生化学反应，并在高温作用下形成一层玻璃状覆盖层，从而隔绝氧，进而窒息火灾。

（3）干粉中的碳酸氢钠受高温作用发生分解，其化学反应方程式为：

$$2NaHCO_3 \longrightarrow Na_2CO_3 + H_2O + CO_2$$

该反应是吸热反应，反应放出大量的二氧化碳和水，水受热变成水蒸气并吸收大量的热能，起到一定的冷却和稀释可燃气体的作用。

3）干粉灭火剂的适用范围

干粉灭火剂本身无毒，是干燥、易于流动的细微粉末，喷出后形成粉雾。但在室内使用不恰当时也可能对人的健康产生不良影响，如人在吸收了干粉颗粒后会引起呼吸系统发炎。将不同类型的干粉掺混在一起后，可能产生化学反应，产生二氧化碳气体并结块，有时还可能引起爆炸。干粉的抗复燃能力也较差。因此，对于不同物质发生的火灾，应选用适当的干粉灭火剂。干粉灭火剂主要用于扑灭以下火灾：

（1）各种固体火灾（A 类）。

（2）可燃、易燃液体火灾（B 类）。

（3）天然气和石油气等可燃气体火灾（C 类）。

（4）一般带电设备火灾（E 类）。

（5）动植物油脂火灾（F 类）。

4. 气体灭火剂

在 19 世纪末期，气体灭火剂由西方发达国家开始使用。由于气体灭火剂具有施放后对防护仪器设备无污染、无损害等优点，其防护对象也逐步扩展到各种不同的领域。气体灭火剂适用于扑灭 A 类、B 类、C 类、E 类和 F 类火灾。

气体灭火剂种类较多，但得以广泛应用的仅有惰性气体（如二氧化碳、烟烙尽灭火剂等）和卤代烷及其替代型灭火剂（如 1211、1301、七氟丙烷、六氟丙烷、三氟甲烷和三氟碘甲烷）。

1）惰性气体灭火剂

惰性气体灭火剂包括二氧化碳灭火剂、烟烙尽灭火剂等。加入惰性气体，可以降低燃烧时的温度，起到冷却的作用，也可使氧气浓度降低，起到窒息的作用。

（1）二氧化碳灭火剂。在通常状态下是无色无味的气体，相对密度为1.529，比空气重，价格低廉，获取、制备容易，用于在燃烧区内稀释空气，减少空气的含氧量，从而降低燃烧强度。当二氧化碳在空气中的浓度达到30% ~35%时，能使火焰熄灭。因此，早期的气体灭火剂主要采用二氧化碳。

20 世纪 90 年代后期，在未有完全能够替代卤代烷灭火剂的替代物出现前，二氧化碳灭火剂因具有不破坏大气臭氧层的特点，作为传统技术在各种不同防护场所重新得到普遍的应用，产品向多元化方向发展，系统的各种功能都趋于完善，工程设计运用灵活。

①二氧化碳灭火剂灭火原理。二氧化碳主要依靠窒息作用和部分冷却作用灭火。二氧化碳具有较高的密度，约为空气的 1.5 倍。在常压下，液态的二氧化碳会立即汽化，一般 1 kg 的液态二氧化碳可产生约 0.5 $m^3$ 的气体。因而灭火时，二氧化碳气体可以排除空气而包围在燃烧物体的表面或分布于较密闭的空间中，降低可燃物周围或防护空间内的氧浓度，产生窒息作用而灭火。二氧化碳灭火剂是以液态二氧化碳充装在灭火器内，当打开灭火器阀门时，液态二氧化碳沿着虹吸管上升到喷嘴处，迅速蒸发成气体，体积扩大约 500 倍，同时吸收大量的热量，使喷筒内温度急剧下降。当降至-78.5 ℃时，一部分二氧化碳就凝结成雪片状固体，喷到可燃物上时，能使燃烧物温度降低，并隔绝空气，降低空气中含氧量，使火熄灭。当燃烧区域空气含氧量低于 12%，或者二氧化碳的浓度达到 30% ~35%时，绝大多数的燃烧都会熄灭。

②二氧化碳灭火剂适用范围。由于二氧化碳不导电、不含水分，灭火后很快散逸，不留痕迹，不污损仪器设备，所以适用于扑灭各种易燃液体火灾，特别适用于扑灭 600 V 以下的电气设备、精密仪器、贵重生产设备、图书档案等火灾以及一些不能用水扑灭的火灾。二氧化碳不能扑灭金属（如锂、钠、钾、镁、铝、锑、钛、镉、铂、钚等）及其氧化物、有机过氧化物、氧化剂（如氯酸盐、硝酸盐、高锰酸盐、亚硝酸盐、重铬酸盐等）的火灾，也不能用于扑灭如硝化棉、塑料、火药等本身含氧的化学品的火灾。当二氧化碳从灭火器中喷出时，温度降低，使环境空气中的水蒸气凝集成小水滴。上述物质遇水发生化学反应，释放大量的热量，抵制了冷却作用，同时放出氧气，使二氧化碳的窒息作用受到影响。

③二氧化碳灭火器使用方法。在使用二氧化碳灭火器时，应首先将灭火器放稳在起火地点的地面，拔出保险销，一只手握住喇叭筒根部的手柄，另一只手紧握启闭阀的压把。对没有喷射软管的二氧化碳灭火器，应把喇叭筒往上扳 70°~90°。使用时，不能直接用手抓住喇叭筒外壁或金属连接管，防止手被冻伤。在室外使用二氧化碳灭火器时，应选择上风方向喷射；在室内窄小空间

使用时，灭火后操作者应迅速离开，以防窒息。二氧化碳灭火，主要是窒息作用，对有阴燃的物质则难以扑灭，应在火焰熄灭后，继续喷射二氧化碳，使空气中的含氧量降低。

（2）烟烙尽灭火剂。烟烙尽是一种气体灭火剂，主要由52%的氮气、40%的氩气和8%的二氧化碳组成，主要通过降低起火区域的氧浓度来灭火。美国商标名称为INERGEN，由美国安素公司（ANSUL）生产。由于烟烙尽是由大气中的基本气体组成，因而对大气层没有耗损，在灭火时也不会参与化学反应，且灭火后没有残留物，故不污染环境。此外它还有较好的电绝缘性。由于其平时是以气态形式储存，所以喷放时不会形成浓雾或造成视野不清，现场人员在火灾时能清楚地分辨逃生方向，而且对人体基本无害。但是该灭火剂的灭火浓度较高，通常须达到37.5%以上，最大浓度为42.8%，因而灭火剂的消耗量比哈龙1301灭火剂要多，应用过程中其灭火时间也长于1301灭火剂。此外，与其他灭火系统相比，其成本较高，设计使用时应当综合考虑性价比。

2）卤代烷及其替代品灭火剂

卤代烷（哈龙）灭火剂具有电绝缘性好、化学性能稳定、灭火速度快、毒性和腐蚀性小、释放后不留残渣痕迹或者残渣少等优点，并且具有良好的储存性能和灭火效能。可用于扑救可燃固体表面火灾（A类）、甲乙丙类液体火灾（B类）、可燃气体火灾（C类）、电气火灾（E类）等。某些卤代烷灭火剂与大气层的臭氧发生反应，致使臭氧层出现空洞，使生存环境恶化。人们近来关注甚多的一个专题就是为了保护大气臭氧层，限制和淘汰哈龙灭火剂，研究开发哈龙替代物。

我国政府于1991年6月加入《关于消耗臭氧层物质的蒙特利尔议定书》，国务院在1993年1月批准实施《中国逐步淘汰消耗臭氧层物质国家方案》，作为行动纲领，我国在2010年1月1日实现同步淘汰消耗臭氧层物质（简称ODS）的生产和消费。哈龙替代产品的研制工作也在世界范围内得到广泛的开展。但至今为止，尚未找到一种能在灭火性能和适用范围上可完全取代哈龙的替代型灭火剂。

哈龙替代物（包括气体类、液化气体类）在国际上划分为四大类：①HBFC-氢溴氟代烷；②HCFC-氢氟代烷类；③HFC236-六氟丙烷（FE36）、HFC227-七氟丙烷（FM200）、FIC-氟碘代烷类；④IG-惰性气体类，包括

IG01、IG55、IG541。

国际社会相继开发了多种不同的替代哈龙的灭火剂，其中被列为国际标准草案 ISO 14520 的替代物有 14 种，综合各种替代物的环保性能及经济分析，七氟丙烷灭火剂最具推广价值并已在我国及国际社会得到广泛应用。该灭火剂属于含氢氟烃类灭火剂，由美国大湖公司研发，具有灭火浓度低、灭火效率高、对大气无污染等优点。

七氟丙烷灭火剂（HFC227ea，美国商标名称为 FM-200）是一种无色、几乎无味、不导电的气体，其化学分子式为 $CF_3CHFCF_3$，分子量为 170，密度大约为空气的 6 倍，采用高压液化储存。灭火机理为抑制化学链反应，其灭火原理及灭火效率与哈龙 1301 相类似，对于 A 类和 B 类火灾均能起到良好的灭火作用。七氟丙烷灭火剂不会破坏大气层，在大气中的残留时间也比较短，其环保性能明显优于哈龙 1301。其毒性较低，对人体产生不良影响的体积浓度临界值为 9%，并允许在浓度为 10.5% 的情况下使用 1 min。七氟丙烷的设计灭火浓度为 7%，正常情况下对人体不会产生不良影响，可用于经常有人活动的场所。

七氟丙烷灭火剂适用于扑灭 A 类、B 类、C 类火灾，但不适用于如下材料所发生的火灾：①无空气仍能迅速氧化的化学物质（如硝酸纤维火药等）的火灾。②活泼金属（如钠、钾、镁、钛和铀等）的火灾。③金属氧化物、强氧化剂、能自燃的物质的火灾。④能自行分解的化学物质（如联胺）的火灾。

5. 气溶胶灭火剂

气溶胶是液体或固体微粒悬浮于气体分散介质中、直径在 0.5~1 μm 之间的一种液体或固体微粒。分为冷气溶胶和热气溶胶，反应温度高于 300 ℃ 的称为热气溶胶，反之为冷气溶胶。

1）气溶胶灭火剂的灭火机理

气溶胶灭火剂生成的气溶胶中，气体与固体产物的比例约为 6:4，其中固体颗粒主要是金属氧化物、碳酸盐或碳酸氢盐、炭粒以及少量金属碳化物；气体产物主要是氮气、少量的二氧化碳和一氧化碳。一般认为，固体颗粒气溶胶同干粉灭火剂一样，是通过吸热分解降温、气相和固相的化学抑制以及惰性气体使局部氧含量下降等机理发挥灭火作用。但大量的实验表明，气溶胶灭火剂中气溶胶产物的释放速度及固体颗粒尺寸显著影响灭火效率；气溶胶灭火剂在相对封闭的空间释放后，空间中氧含量降低很小。

（1）物理抑制作用。由于气溶胶的粒径小，比表面大，因此极易从火焰中吸收热量而使温度升高，达到一定温度后固体颗粒发生熔化而吸收大量热量；气溶胶粒子易扩散，能渗透到火焰较深的部位，且有效保留时间长，在较短的时间内吸收火源所放出的一部分热量，使火焰的温度降低。

（2）化学抑制作用。化学抑制分为均相和非均相化学抑制作用，均相化学抑制起主导作用。均相过程发生在气相，固体微粒分解出的钾元素，以蒸气或离子形式存在，能与火焰中的自由基进行多次链反应。非均相过程发生在固体微粒表面，由于它们相对于活性基团氢、羟、氧的尺寸要大得多，因而产生一种"围墙"效应，活性基团与固体微粒相碰撞时被瞬时吸附并发生化学反应，活性基团的能量被消耗在这个"围墙"上，导致断链反应，固体微粒起到了负催化的作用。气溶胶中的低浓度氨气对火焰的作用与卤代烷灭火剂的作用相似，有化学抑制作用，被用于贫煤矿的防火和灭火，但其效率低于固体微粒。

2）气溶胶灭火剂的应用

气溶胶灭火剂主要适用于扑灭 A 类、B 类、C 类和 D 类火灾，同常规气体灭火系统相比，气溶胶灭火剂不仅适用于舱室、仓库及发动机室等相对封闭空间和石油化工产品的贮罐、舰船、飞机、汽车、内燃机车、电缆沟、电缆井、管道夹层等封闭半封闭空间，也适用于开放式空间。国际上安装气溶胶灭火系统的工业设施有核电站控制室、军事设施、舰船机舱、电讯设备室及飞机发动机舱等。

# 第三节　不同类别危险化学品火灾控制

危险化学品性质不同，灭火和处置方法也不同。扑救危险化学品火灾前，应先辨识危险化学品的性质，然后采取针对性的控制措施，正确处理事故。

## 一、爆炸品火灾

爆炸品一般都有专门或临时的储存仓库。这类物品由于内部结构含有爆炸性基因，受摩擦、撞击、震动、高温等外界因素激发，极易发生爆炸，遇明火则更危险。遇爆炸品火灾时，一般应采取以下基本对策。

（1）迅速判断和查明再次发生爆炸的可能性和危险性，紧紧抓住爆炸后和再次发生爆炸之前的有利时机，采取一切可能的措施，全力制止再次爆炸的发生。

（2）扑救爆炸品火灾，最好的灭火剂是水，一般不用窒息法灭火。切忌用沙土盖压，以免增强爆炸时的威力。

（3）如果有疏散可能，人身安全上确有可靠保障，应迅即组织力量及时疏散着火区域周围的爆炸品，使着火区周围形成一个隔离带。

（4）扑救爆炸品堆垛火灾时，水流应采用吊射，避免强力水流直接冲击堆垛，导致堆垛倒塌引起再次爆炸。

（5）灭火人员应尽量利用现场现成的掩蔽体或尽量采取卧姿等低姿射水，尽可能地采取自我保护措施。消防车辆不要停靠离爆炸品太近的水源。在火场上，墙体、低洼处、树干等均可作为掩体利用。

（6）如果房间内或车厢、船舱内着火，在保证安全的情况下，要迅速将门窗、厢门、舱盖打开，向内射水冷却，切不可关闭门窗、厢门、舱盖窒息灭火。

（7）灭火人员发现有发生再次爆炸的危险时，应立即向现场指挥报告，现场指挥应迅即作出准确判断，确有发生再次爆炸征兆或危险时，应立即下达撤退命令。灭火人员看到或听到撤退信号后，应迅速撤至安全地带，来不及撤退时，应就地卧倒。

## 二、压缩气体和液化气体火灾

压缩气体或液化气体一般采用容器储存或通过管道输送。钢瓶储存时其内部压力较高，在火场中受热易发生爆裂，从而引发大面积火灾，导致事态扩大。针对压缩或液化气体火灾，一般应采取以下基本对策。

（1）扑救气体火灾切忌盲目扑灭火势，在没有采取堵漏措施的情况下，必须保持稳定燃烧。否则，大量可燃气体泄漏出来与空气混合，遇着火源就会发生爆炸，后果将不堪设想。在扑救时或在冷却过程中，如果意外扑灭了泄漏处的火焰，在没有采取堵漏措施的情况下，也必须立即用长点火棒将火点燃，使其恢复稳定燃烧，防止可燃气体泄漏，引起燃爆。

（2）首先应扑灭外围被火源引燃的可燃物火势，切断火势蔓延途径，控制燃烧范围，并积极抢救受伤和被困人员。

（3）如果火势中有压力容器或有受到火焰辐射热威胁的压力容器，能疏散的应尽量在水枪掩护下疏散到安全地带，不能疏散的应部署足够的水枪进行冷却保护。为防止容器爆裂伤人，进行冷却的人员应尽量采取低姿射水或利用现场坚实的掩蔽体防护。对卧式贮罐，冷却人员应选择贮罐四侧角作为射水阵地。

（4）如果是输气管道泄漏着火，应设法找到气源阀门。阀门完好时，只要关闭气体的进出阀门，火势就会自动熄灭。

（5）贮罐或管道泄漏关阀无效时，应根据火势判断气体压力和泄漏口的大小及其形状，准备好相应的堵漏材料（如软木塞、橡皮塞、气囊塞、黏合剂、弯管工具等）。堵漏工作准备就绪后，既可用水灭火，也可用干粉、二氧化碳灭火，但仍需用水冷却烧烫的罐或管壁。火焰扑灭后，应立即用堵漏材料堵漏，同时用雾状水稀释和驱散泄漏出来的气体。如果第一次堵漏失败、再次堵漏需一定时间，应立即用长点火棒将泄漏处点燃，使其恢复稳定燃烧，并准备再次灭火堵漏。如果确认泄漏口非常大，根本无法堵漏，只需冷却着火容器及其周围容器和可燃物品，控制着火范围，直到气体燃尽，火势自动熄灭。

（6）现场指挥部应密切注意各种危险征兆，当出现以下征兆时，总指挥必须及时做出准确判断，下达撤退命令：

①可燃气体继续泄漏而火种较长时间没有恢复稳定燃烧，现场可燃气体浓度达到爆炸极限；

②受辐射热的容器裂口或安全阀出口处火焰变得白亮耀眼、泄漏处气流发出尖叫声、容器发生晃动等现象。

### 三、易燃液体火灾

易燃液体通常采用容器储存或在一定压力下通过管道输送。与气体不同的是，液体容器有的密闭，有的敞开，一般都是常压，只有反应锅（炉、釜）及输送管道内的液体压力较高。液体不管是否着火，如果发生泄漏或溢出，都将顺着地面流淌或水面漂散。

由于不同的易燃液体具有不同的物理、化学性质，发生火灾后，其处理方法差别较大。另外，易燃液体火灾还存在危险性很大的沸溢和喷溅问题，因此，扑救易燃液体火灾往往困难较大。遇易燃液体火灾，一般应采用以下基本对策。

（1）首先应切断火势蔓延的途径，冷却和疏散受火势威胁的压力及密闭容器和可燃物，控制燃烧范围，并积极抢救受伤和被困人员。如有液体流淌时，应筑堤（或用围油栏）拦截或挖沟导流漂散流淌的易燃液体。

（2）及时了解和掌握着火液体的品名、比重、水溶性以及有无毒害、腐蚀、沸溢、喷溅等危险性，以便采取相应的灭火和防护措施。

（3）对较大的贮罐或流淌火灾，应准确判断着火面积：

①小面积（一般50 $m^2$以内）液体火灾，一般可用雾状水扑灭，用泡沫、干粉、二氧化碳灭火一般更有效；

②大面积液体火灾则必须根据其相对密度（比重）、水溶性和燃烧面积大小，选择正确的灭火剂扑救：

（a）比水轻又不溶于水的液体（如汽油、苯等）火灾，用直流水、雾状水灭火往往无效，可用普通蛋白泡沫或轻水泡沫灭火，用干粉扑救时灭火效果要视燃烧面积大小和燃烧条件而定，最好同时用水冷却罐壁；

（b）比水重又不溶于水的液体（如硝基苯、二硫化碳等）火灾，原则上可用水扑救，水能覆盖在液面上灭火，但由于能产生大量废水，而且在没有围堵的情况下，易扩大火场范围，故一般用泡沫、干粉扑救，灭火效果要视燃烧面积大小和燃烧条件而定，灭火过程中要不断用水冷却罐壁；

（c）具有水溶性的液体（如醇类、酮类等）火灾，虽然从理论上讲能用水稀释扑救，但用此法要使液体闪点消失，必须使用大量的水，从而产生大量废水，导致后处理困难，因此最好用抗溶性泡沫扑救，用干粉扑救时，灭火效果要视燃烧面积大小和燃烧条件而定，也需用水冷却罐壁。

（4）扑救毒害性、腐蚀性或燃烧产物毒害性较强的易燃液体火灾，消防人员应佩戴防护面具，采取防护措施。对特殊物品的火灾，应使用专用防护服。考虑到过滤式防毒面具作用的局限性，在扑救毒害品火灾时应尽量使用隔离式空气呼吸器。

（5）扑救原油和重油等具有沸溢和喷溅危险的液体火灾。如有条件，可采用放水、搅拌等防止发生沸溢和喷溅的措施，应注意计算可能发生沸溢、喷溅的时间和观察是否有沸溢、喷溅的征兆。指挥员发现危险征兆时应迅速作出判断，及时下达撤退命令，避免造成人员伤亡和装备损失。

（6）遇易燃液体管道或贮罐泄漏着火，在切断火灾蔓延途径把火势限制在一定范围内的同时，对输送管道应设法找到并关闭进、出阀门，如果管道阀门已损坏或是贮罐泄漏，应迅速准备好堵漏材料，然后先用泡沫、干粉、二氧化碳或雾状水等扑灭地上的流淌火，为堵漏扫清障碍，其次再扑灭泄漏口的火焰，并迅速采取堵漏措施。与气体堵漏不同的是，液体一次堵漏失败，可连续堵几次，只要用泡沫覆盖地面，并堵住液体流淌和控制好周围着火源，不必点燃泄漏口的液体。

### 四、易燃固体火灾

易燃固体火灾一般都可用水或泡沫扑救。相对其他种类的危险化学品而言较易扑救，只要控制住燃烧范围，逐步扑灭即可。但也有少数易燃固体、自燃物品、遇湿易燃物品的火灾扑救方法特殊。

1. 一般易燃固体、自燃物品火灾控制

（1）2，4-二硝基苯甲醚、二硝基萘、萘等是具有升华特性的易燃固体，受热产生易燃蒸气。火灾时可用雾状水、泡沫扑救并切断火势蔓延途径。但应注意，不能以为明火扑灭即已完成灭火工作，因为受热以后升华的易燃蒸气能继续四处飘逸，在上层与空气能形成爆炸性混合物，尤其是在室内，易发生爆燃。因此，扑救这类物品火灾不能被火焰已经熄灭的假象所迷惑。在扑救过程中应不时向燃烧区域上空及周围喷射雾状水，并用水浇灭燃烧区域及其周围的一切火源。

（2）黄磷是自燃点很低、在空气中能很快氧化升温并自燃的自燃物品。遇黄磷火灾时，首先应切断火势蔓延途径，控制燃烧范围。对着火的黄磷应用低压水或雾状水扑救。高压直流水冲击能引起黄磷飞溅，导致灾害扩大。黄磷熔融液体流淌时应用泥土、沙袋等筑堤拦截并用雾状水冷却，对磷块和冷却后已固化的黄磷，应用钳子钳入贮水容器中。来不及钳时可先用沙土掩盖，但应作好标记，等火势扑灭后，再逐步集中到储水容器中。

（3）少数易燃固体和自燃物品（如三硫化二磷、铝粉、烷基铝、保险粉等）的火灾，不能用水和泡沫扑救，应根据具体情况区别处理，宜选用干砂和不用压力喷射的干粉扑救。

2. 遇湿易燃物品火灾控制

遇湿易燃物品能与潮湿和水发生化学反应，产生可燃气体和热量，有时即使没有明火也能自动着火或爆炸，如金属钾、钠以及三乙基铝（液态）等。因此，这类物品有一定数量时，绝对禁止用水、泡沫、酸碱灭火器等灭火剂扑救。

通常情况下，遇湿易燃物品在储存时要求分库或隔离分堆单独储存，但在实际操作中有时往往很难完全做到，尤其是在生产和运输过程中更难以做到，如铝制品厂往往遍地积有铝粉。对包装坚固、封口严密、数量又少的遇湿易燃物品，在储存规定上允许同室分堆或同柜分格储存。这就给其火灾扑救工作带来了更大的困难，灭火人员在扑救中应谨慎处置。

（1）首先应了解遇湿易燃物品的品名、数量、是否与其他物品混存、燃烧范围、火势蔓延途径。

（2）如果只有极少量（一般50 g以内）遇湿易燃物品，则不管是否与其他物品混存，仍可用大量的水或泡沫扑救。水或泡沫刚接触着火点时，短时间内可能会使火势增大，但少量遇湿易燃物品燃尽后，火势很快就会熄灭或减少。如果遇湿易燃物品数量较多，且未与其他物品混存，则绝对禁止用水或泡沫、酸碱等灭火剂扑救，应用干粉、二氧化碳灭火剂扑救，需要注意的是金属钾、钠、铝、镁等个别物品用二氧化碳无效。

（3）固体遇湿易燃物品火灾，应用水泥、干砂、干粉、硅藻土和蛭石等覆盖。水泥是扑救固体遇湿易燃物品火灾比较容易得到的灭火剂。对遇湿易燃物品中的粉尘如镁粉、铝粉等，切忌喷射有压力的灭火剂，以防止将粉尘吹扬起来，与空气形成爆炸性混合物而导致爆炸发生。

（4）如果有较多的遇湿易燃物品与其他物品混存，则应先查明是哪类物品着火，遇湿易燃物品的包装是否损坏。可先用开关水枪向着火点吊射少量的水进行试探，如未见火势明显增大，证明遇湿易燃物品尚未着火，包装也未损坏，应立即用大量水或泡沫扑救，扑灭火势后立即组织力量将淋过水或仍在潮湿区域的遇湿易燃物品疏散到安全地带分散开来。如射水试探后火势明显增大，则证明遇湿易燃物品已经着火或包装已经损坏，应禁止用水、泡沫、酸碱灭火器扑救，若是液体应用干粉等灭火剂扑救，若是固体应用水泥、干砂等覆盖，如遇钾、钠、铝、镁轻金属发生火灾，最好用石墨粉、氯化钠以及专用的轻金属灭火剂扑救。

（5）如果其他物品火灾威胁到相邻的较多遇湿易燃物品，应先用油布或塑料膜等其他防水布将遇湿易燃物品遮盖好，然后再在上面盖上棉被并淋上水。如果遇湿易燃物品堆放处地势不太高，可在其周围用土筑一道防水堤。在用水或泡沫扑救火灾时，对相邻的遇湿易燃物品应留一定的力量监护。

由于遇湿易燃物品性能特殊，又不能用常用的水和泡沫灭火剂扑救，从事这类物品生产、经营、储存、运输、使用的人员及消防人员平时应经常了解和熟悉其品名和主要危险特性。

**五、氧化剂和有机过氧化物火灾**

从灭火角度讲，氧化剂和有机过氧化物是一个杂类，有固体，也有液体；既不像遇湿易燃物品一概不能用水和泡沫扑救，也不像易燃固体几乎都可以用水和泡沫扑救。有些氧化物本身不燃，但遇可燃物品或酸碱能着火和爆炸。有机过氧化物（如过氧化二苯甲酰等）本身就能着火、爆炸，危险性特别大，扑救时要注意人员防护。不同的氧化剂和有机过氧化物火灾，有的可用水（最好用雾状水）和泡沫扑救，有的不能用水和泡沫，有的不能用二氧化碳扑救，酸碱灭火剂则几乎都不适用。因此，扑救氧化剂和有机过氧化物火灾是一场复杂而又艰难的工作。遇到氧化剂和有机过氧化物火灾，一般应采取以下基本对策。

（1）迅速查明着火或反应的氧化剂和有机过氧化物以及其他燃烧物的品名、数量、主要危险性、燃烧范围、火灾蔓延途径、能否用水或泡沫扑救。

（2）能用水或泡沫扑救时，应尽一切可能切断火灾蔓延，使着火区孤立，限制燃烧范围，同时应积极抢救受伤和被困人员。

（3）不能用水、泡沫、二氧化碳扑救时，应用干粉扑救，或用水泥、干砂覆盖。用水泥、干砂覆盖应先从着火区域四周尤其是下风等火灾主要蔓延方向覆盖起，形成孤立火灾的隔离带，然后逐步向着火点进逼。

（4）使用大量的水或用水淹浸的方法灭火，是控制大部分氧化剂火灾最为有效的方法。

（5）有机过氧化物发生火灾，人员应尽可能远离火场，并在有防护的位置使用大量的水来灭火。

由于大多数氧化剂和有机过氧化物遇酸会发生剧烈反应甚至爆炸，如过氧化钠、过氧化钾、氯酸钾、高锰酸钾、过氧化二苯甲酰等；活泼金属过氧化物等一部分氧化剂也不能用水、泡沫和二氧化碳扑救，因此，专门生产、经营、储存、运输、使用这类物品的单位和场合不要配备酸碱灭火器，对泡沫和二氧化碳也应慎用。

**六、毒害品和腐蚀品火灾**

毒害品和腐蚀品对人体都有危害。毒害品主要经口、吸入蒸气或通过皮肤接触引起人体中毒；腐蚀品是通过皮肤接触造成人体化学灼伤。毒害品、腐蚀品有些本身能着火，有的本身并不着火，但与其他可燃物品接触后能着火。这类物品发生火灾，一般应采取以下基本对策。

（1）灭火人员应穿防护服，佩戴防护面具。一般情况下采取全身防护即可，对有特殊要求的物品火灾，应使用专用防护服。考虑到过滤式防毒面具防毒范围的局限性，在扑救毒害品火灾时应尽量使用自给式呼吸器。

（2）积极抢救受伤和被困人员，限制燃烧范围。毒害品火灾极易造成人员伤亡，灭火人员在采取防护措施后，应立即投入寻找和抢救受伤、被困人员的工作，并努力限制燃烧范围。

（3）扑救时应尽量使用低压水流或雾状水，避免腐蚀品、毒害品溅出。遇酸类或碱类腐蚀品最好调制相应的中和剂稀释中和。在一般情况下，如系液体毒害品着火，可根据液体的性质（水溶性和相对密度的大小）选用抗溶性泡沫或机械泡沫及化学泡沫灭火；如系固体毒害品着火，可用雾状水扑救，或用砂土、干粉、石粉等施救。无机毒害品中的氰、磷、砷或硒的化合物遇酸或水后，能产生极毒的易燃气体氰化氢、磷化氢、砷化氢、硒化氢等，因此着火时，不可使用酸、碱灭火剂和二氧化碳灭火剂，也不宜用水施救，可用干粉、石粉、砂土等。腐蚀品着火，一般可用雾状水或干砂、泡沫、干粉等扑救，不宜用高压水，以防酸液四溅，伤害扑救人员。硫酸、卤化物、强碱等遇水发热、分解或遇水产生酸性烟雾的腐蚀品，不能用水施救，可用干砂、泡沫、干粉扑救。

（4）遇毒害品、腐蚀品容器泄漏，在扑灭火灾后应采取堵漏措施。腐蚀品需用防腐材料堵漏。

（5）浓硫酸遇水能放出大量的热，会导致沸腾飞溅，需特别注意防护。扑救浓硫酸与其他可燃物品接触发生的火灾，浓硫酸数量不多时，可用大量低压水快速扑救，如果浓硫酸量很大，应先用二氧化碳、干粉、卤代烷等灭火，然后再把着火物品与浓硫酸分开。

（6）如果皮肤接触了腐蚀品，应立即用清水冲洗患处至少 10 min，有化学灼伤时，应用肥皂水清洗患处；若水庖已破，应用凡士林、纱布包盖患处创面；如果眼睛接触了腐蚀品，应提起眼睑，立即用大量的清水冲洗至少 15 min。

## 七、放射性物品火灾

放射性物品是一类放射出人类肉眼看不见但却能严重损害人类生命和健康的 α、β、γ 射线和中子流的特殊物品。扑救这类物品火灾应采取特殊的能防护射线照射的措施。

平时生产、经营、储存和运输、使用这类物品的单位及消防部门，应配备一定数量防护装备和放射性测试仪器。遇这类物品火灾一般应采取以下基本对策。

（1）先派出精干人员携带放射性测试仪器，测试辐射（剂）量和范围。测试人员应采取防护措施，并进行不间断巡回监测。对放射性活度超过 0.0387 C/kg（C：库仑）的区域，应设置写有"危及生命、禁止进入"的文字说明的警告标志牌。对放射性活度小于 0.0387 C/kg 的区域，应设置写有"辐射危险、请勿接近"警告标志牌。

（2）对辐射（剂）量大于 0.0387 C/kg 的区域，灭火人员不能深入辐射源纵深灭火进攻。对辐射（剂）量小于 0.0387 C/kg 的区域，可快速出水灭火或用泡沫、二氧化碳、干粉、卤代烷扑救，并积极抢救受伤人员。

（3）对燃烧现场包装没有被破坏的放射性物品，可佩戴防护装备，并在水枪的掩护下设法疏散，无法疏散时，应就地冷却保护，防止造成新的破损，增加辐射（剂）量。

（4）当放射性物品的内容器受到破坏，使放射性物质可能扩散到外面，或剂量率较大的放射性物品的外容器受到严重破坏时，应立即通知当地公安部门和卫生、科学技术管理部门协助处理，并应在事故地点划分适当的安全区，悬挂警告牌，设置警戒等。在划定安全区的同时，对放射性物品应用适当的材料进行屏蔽；对粉末状物品，应迅速将其盖好，防止影响范围再扩大。对已破损的容器切忌搬动或用水流冲击，以防止放射性沾染范围扩大。

（5）当放射性物品着火时，可用雾状水扑救。灭火人员应穿戴防辐射防护服（手套、靴子、连体工作服、安全帽）、戴自给式呼吸器灭火。对于小火，可使用硅藻土等惰性材料吸收；对于大火，应当在尽可能远的地方用尽可能多的水带，并站在上风向向包件喷雾状水。临近的容器要保持冷却到火灾扑灭之后。这样有助于防止辐射和屏蔽材料（如铅）的熔化，但应注意不使消防用水流失过大，以免造成大面积污染。

（6）放射性物品沾染人体时，应迅速用肥皂水洗刷至少3次，灭火结束时要很好地淋浴冲洗，使用过的防护用品要在防疫部门的监督下进行清洗。

# 第四章　危险化学品事故现场急救

　　危险化学品事故现场急救较完整的概念是：发生危险化学品事故时，为了减少伤害，救援受害人员，保护人群健康而在事故现场所采取的一切医学救援行动和措施。危险化学品事故现场会出现不同程度的人员烧伤、中毒、化学品致伤和复合伤等伤害，事故发生后的几分钟、十几分钟是抢救危重伤员的最重要时刻，医学上称之为"救命的黄金时刻"；在此时间内，抢救及时、正确，生命有可能被挽救；反之，生命丧失或病情加重。因此，在现场对伤员进行及时、正确、有效的初步紧急救护是十分必要的。

　　危险化学品事故现场急救的意义和目的：

　　（1）挽救生命。通过及时有效的急救措施如对心跳、呼吸停止的伤者进行心肺复苏，以达到救命的目的。

　　（2）稳定病情。在现场对受害人员进行对症，支持及相应的特殊治疗与处置，以使病情稳定，为后一步的抢救打下基础。

　　（3）减少伤残。发生危险化学品事故特别是重大或灾害性危险化学品事故时，不仅可能出现群体性化学中毒、化学性烧伤，往往还可能发生各类外伤，诱发潜在的疾病或使原来的某些疾病恶化，现场急救时正确地对伤员进行冲洗、包扎、复位、固定、搬运及其他相应处理可以大大地降低伤残率。

　　（4）减轻痛苦。通过一般及特殊的救护达到安定伤员情绪，减轻伤员痛苦的目的。

## 第一节　现场急救概述

### 一、危险化学品对人员的伤害方式

　　危险化学品泄漏、火灾或爆炸事故发生后，极易造成事故现场的人员热力烧伤、化学性烧伤、冻伤，或暴露于空气中的化学品与人体接触而被人体吸收后引起中毒；爆炸冲击波可引起物体击打伤、坠落伤等。危险化学品对人员的伤害方式主要有以下几种。

1. 呼吸道吸入灼伤和/或中毒

危险化学品通过呼吸道进入人体而造成中毒，是危险化学品事故伤害中最普通和可能性最大的一种方式。因肺泡呼吸膜极薄，扩散面积大，供血丰富，呈气体、蒸气和气溶胶状态的化学品均可经呼吸道迅速进入人体。

水溶性的气体和蒸气可引起上呼吸道严重灼伤，而不溶或难溶于水的气体或蒸气则引起肺部组织的严重伤害，气管、支气管、肺泡内膜受到严重损害而发炎或肺水肿，从而阻碍气体交换。

2. 食入中毒或消化道灼伤

由于个人卫生不良或食物受某些危险化学品污染时，某些化学品可经消化道进入人体。有的毒物如氰化物可被口腔黏膜吸收。

腐蚀性化学品的误服，可造成消化道灼伤，造成急性腐蚀性食管炎、胃炎。损伤程度取决于化学品的性质、浓度、剂量、胃内容物及抢救时间等因素。

3. 皮肤接触灼伤、冻伤或吸收中毒

腐蚀性的化学品喷溅到皮肤上会引起皮肤腐蚀灼伤，这种化学性烧伤比由于火焰或高温引起的烧伤更严重和危险。皮肤灼伤的程度主要与以下因素有关。

（1）危险化学品的种类和浓度。强碱（如氢氧化钠）腐蚀皮肤，使脂肪组织皂化，可达皮肤深层。一般来说，危险化学品的浓度越高，其造成的伤害程度越大。

（2）接触时间。接触时间越长，伤害越严重。

（3）危险化学品的温度。温度较高的危险化学品接触皮肤后，不仅会引起化学性灼伤，而且会引起热烧伤，因此，其对皮肤造成的损伤比单纯的化学灼伤更严重。

有些化学品与皮肤接触虽然不会引起化学灼伤，但会通过皮肤上的表皮细胞或皮肤附属器（毛囊、皮脂腺、汗腺等）进入血液循环，从而引起中毒。同时，在防护措施不足的情况下，人体接触喷溅的低温液化气体可造成全身或局部冻伤。

4. 眼睛灼伤

不论是液态、固态还是气态的危险化学品喷溅到眼睛内，都会使眼睛受到伤害，其症状有眼睛发红、流泪、疼痛、视物模糊，甚至失明。眼结膜也能吸收氰化物等有毒物质。眼是人体最重要的感觉器官，延误冲洗会造成不可挽回的后果。

5. 其他

在危险化学品事故现场，还可能有爆炸造成的肺爆震伤、物体击打伤、坠落伤、躯干和四肢骨折、开放伤口出血、内脏破裂、触电引起烧伤及心跳骤停等。

**二、现场急救的基本原则**

危险化学品事故现场急救关键在于"急"与"救"。急——在救援行动上要充分体现快速集结，快速反应，此时此刻真正体现出"时间就是生命"，必须有可行的措施来保证能以最快速度，最短时间让伤员得到医学救护。救——指对伤员的救援措施和手段要正确有效，处置有方，表现出精良的技术水准和良好的精神风范以及随机应变的工作能力。因此，危险化学品事故现场急救，应遵循"先救人后救物，先救命后疗伤"的原则，同时还应注意以下几点。

1. 救护者应做好个人防护

危险化学品事故发生后，化学品会经呼吸系统和皮肤侵入人体。因此，救护者应摸清化学品的种类、性质和毒性，在进入毒区抢救他人之前，首先要做好自身个体防护，选择并正确佩戴合适的防毒面具和防护服。

2. 切断毒物来源

救护人员在进入事故现场后，应迅速采取果断措施切断毒物的来源，防止毒物继续外逸。对已经逸散出来的有毒气体或蒸气，应立即采取措施降低其在空气中的浓度，为进一步开展抢救工作创造有利条件。

3. 迅速将中毒者（伤员）移离危险区

立即将中毒者移离危险区，至空气新鲜场所，安静休息，保持呼吸道通畅，必要时给予吸氧。对神志不清的中毒者应置于侧卧位，防止气道梗阻；对缺氧者给予氧气吸入；对呼吸停止者立即施行人工呼吸；对心跳停止者立即施行胸外心脏按压。

爆炸现场无任何反应的伤者往往伤情较重，切不要只注意能喊叫的较轻伤员而遗漏了危重伤员。搬动怀疑伤及脊柱的伤员，须用三人以上平起平放或用滚动法，严禁一人抬头，一人抬脚。颈椎骨折者，颈旁须用沙袋或其他物品衬垫固定；伤口出血者，用消毒绷带或清洁布片加压包扎；上下肢骨折者，用夹板固定包扎；触电者，首先脱离电源；意识丧失者，立即行心肺复苏术。

4. 采取正确的方法，对伤员进行紧急救护

将受害人员从事故现场抢救出来后，应先松解其衣扣和腰带，维护呼吸道畅通，注意保暖；去除伤员身上的毒物，防止毒物继续侵入人体。对伤员的病情进行初步检查，重点检查是否有意识障碍、呼吸和心跳是否停止，然后检查有无出血、骨折等。根据伤员的具体情况，选用适当的方法，尽快开展现场急救。

5. 尽快送就近医疗部门治疗

就医时一定要注意选择就近医疗部门，以争取抢救时间。但对于一氧化碳中毒者，应选择有高压氧舱的医院。

### 三、现场急救方法

1. 吸入

无论吸入刺激性气体或窒息性气体，首要的是立即脱离接触，转移到空气新鲜处。在灾害性毒气泄漏场合，得悉警报后，立即关闭门窗，阻止毒气入室，或以湿布捂住口鼻，立即向上风向转移。如果中毒者已经意识消失，立即进行心肺复苏，并送医院抢救。

1）心肺复苏（CPR）

伤员突然意识丧失，最常见的原因为心脏不能有效泵血，大脑缺氧所致。此时不应把时间浪费在探脉搏听心跳上，应分秒必争，立即开始心肺复苏。CPR 越早开始，复苏成功的概率越大。最初 10 min 是挽救生命的黄金时机，应当在开始心肺复苏的同时拨打 120。

心肺复苏的适应证：溺水、触电、药物中毒、气体中毒、异物堵塞呼吸道等导致的呼吸停止和心搏停顿。

心肺复苏的程序：让伤员平躺在地上或硬板上，打开呼吸道，取出假牙，

清理口腔内异物，推下颌部使伤员仰头，防止舌下坠堵塞气管入口。施救者跪在伤员一侧，将手掌根部放在伤员胸部双乳头连线正中的位置，将另一手掌根相叠合，伸直胳膊，借上半身体重向下按压，使胸廓下陷 4~5 cm，松手，待胸廓完全回弹，接着再向下按压。按压频率为每分钟 100 次。每按压 30 次，做人工呼吸两次。口对口吹气时，一手捏紧伤员鼻翼，不使漏气。每次吹气量以 800 mL 左右为宜，这相当于寻常呼吸的潮气体积。如有两人在场，为保证按压质量，每 2 分钟轮换一次。对儿童的按压力量要适当，防止肋骨骨折，胸廓下陷幅度以 3~4 cm 为宜。按压应尽量减少中断，中间如需注射或加入电击除颤，按压中断应尽量小于 10 s。如现场有自动体外除颤器（AED），则在 5 个周期 CPR（2 min）后，立即做一次电除颤，接着再做 CPR，这样复苏的成功率更大。

对氰化氢、硫化氢中毒者施救时，不主张口对口吹气。

如能对伤员胸前先作 1~3 次拳击，继以胸外心脏按压，等待 AED 的到来，对复苏可能更为有利。胸外按压应持续进行至出现自主心跳呼吸，或坚持至急救车到来，改由专业人员进行抢救。

2）环甲膜穿刺

咽喉肿胀堵塞气道又无条件作气管切开的紧急情况下，以 18 号消毒针头，以酒精碘酒消毒皮肤，在颈中线甲状软骨（俗称喉结）下缘和环状软骨弓上缘之间垂直刺入。进针约 1 cm 有扎空感表明已进入气管，用棉毛在针口测试气流，棉毛随呼吸摆动说明穿刺成功。用胶布固定针头，作为解救生命的呼吸通道。

3）中毒性肺水肿的救治

中毒性肺水肿是指吸入高浓度刺激性气体后引起的肺间质及肺泡腔液体过多积聚为特征的疾病，最终可导致呼吸功能衰竭，是危险化学品中毒常见症状。急救要点为：休息保暖（体力活动增加氧消耗，可加重肺水肿），取半卧位；拍摄 X 线胸片，密切观察肺水肿的发展；早期足量应用糖皮质激素，以减少毛细血管通透性和炎症反应；加鼻面罩行呼气末正压通气或持续正压通气；消泡剂及支气管扩张剂雾化吸入；其他对症治疗。

2. 食入

一旦发现经口食入毒物，应尽快将毒物从胃肠道清除。清除方法有漱口，催吐，洗胃，导泻，口服活性炭等。

1）催吐

简单易行的催吐办法是用手指或匙柄探触咽弓及咽后壁，引起反射性呕吐。动作要轻柔，避免损伤咽部。如吞入的毒物较少，则让食入者饮一杯水（或牛奶、蛋清），再行催吐。催吐时伤员取左侧卧位，放低头部，形成头低臀高姿势，避免吸入呕吐物。

药物催吐：用吐根糖浆，成人一次口服 30 mL，一般在 30 min 内能发生呕吐。不能以吐根酊代替吐根糖浆。吐根糖浆不应与活性炭合用。

有下列情形的禁止催吐：

（1）意识不清或预测半小时内有可能发生意识障碍者（例如氰化物中毒）。意识障碍者极易将呕吐物吸入气道引起窒息或引起吸入性肺炎。

（2）发生惊厥者。

（3）吞服汽油、煤油、苯等低黏度液体者，呕吐时易引起吸入危险。

（4）吞服强酸强碱性物质，呕吐会加重胃和食管损伤。

2）洗胃

洗胃是清除食入毒物最有效的方法，入院后应尽快实施。一般在食入后 4~6 h 内进行洗胃，有机磷农药在食入 12 h 以后胃内仍有残留，不要过早放弃洗胃。洗胃是否及时和彻底，对于中毒者的生死存亡关系重大。洗胃需由医护人员在医院内完成。

3）应用活性炭

活性炭有很大的比表面积，兼有物理吸附和化学吸附功能，对于吞服毒物或过量药物者，尽早给予活性炭，能起到阻止毒物从胃肠道吸收的作用。迟至 1 h 后给服活性炭，仍可能有益处。成人用量：50~100 g 活性炭以 200~300 mL 水调成浆状一次性服下。儿童用量酌减。

活性炭适用于毒性较高的物质（$LD_{50}$ 小于 200~300 mg/kg），它能吸附农药杀虫剂、除草剂、毒鼠剂、苯酚、氰化物、汞盐等多种毒物以及苯巴比妥、安定、士的宁（马钱子碱）、对乙酰氨基酚等药物。分子量较大，结构复杂的物质更易被吸收。活性炭不能吸附甲醇、乙醇、乙二醇、无机酸、无机碱、金属、钾盐、铁盐等。

需要注意的是，某些解毒剂也能被活性炭吸附，口服解毒剂若与活性炭同时应用, 则失去解毒剂的效力。

某些吸收入血的毒物, 可经胆汁或胃肠黏膜扩散和分泌再度回到肠胃内, 多次服用活性炭能够对回到肠胃内的毒物起到连续清除作用, 被称为"胃肠道透析"。成人每 2~4 h 给予 30 g 活性炭, 可在 24~48 h 内多次给予。在前 3 次用活性炭的同时给予少量导泻剂。昏迷人员可经胃管输注活性炭悬液, 如果联合使用带气囊的气管插管保护气道, 防止吸入返流的胃内容物, 则更为安全。

4) 导泻

常用的导泻剂有硫酸镁、硫酸钠、甘露醇、山梨醇等。

硫酸镁: 成人用量 15~20 g, 加水溶解服下。镁对心脏、呼吸有抑制作用, 宜慎用。

硫酸钠: 适用于吞服碳酸钡、氯化钡中毒者, 用量同硫酸镁。可生成难溶性硫酸钡, 阻止吸收。

20% 甘露醇或 25% 山梨醇: 成人用量为 250 mL, 儿童用量为 2 mL/kg。在洗胃后由胃管灌入, 一般在给药后 1 h 开始腹泻, 3 h 后排便干净, 优于盐类泻剂。当毒物已引起严重腹泻时, 不必再行导泻。老年及体弱者应慎重导泻。

3. 皮肤接触

国际化学品安全卡提出以下处理方法。

(1) 接触能腐蚀皮肤或经皮肤吸收中毒的化学品, 应立即脱去污染的衣物, 用大量清水冲洗, 再用水和肥皂洗涤皮肤, 并考虑选择适当中和剂中和处理。如果皮肤已有损伤, 则只能冲洗, 不宜用力搓洗。皮肤灼伤应尽快清洁创面, 并用清洁或已消毒的纱布保护好创面。禁止在创面上涂敷消炎粉、油膏类。

(2) 接触液化气体发生冻伤, 或接触热液体发生热烧伤的场合, 不用脱衣物, 用大量水冲洗。因为脱衣服易撕破水疱, 增加感染风险。

(3) 衣服遭气体或低闪点 (0~61 ℃) 液体或自燃固体 (如有机过氧化物) 污染, 与点火源瞬间接触即可着火, 此种情况首先要用水冲洗。

(4) 遭受强氧化剂或强还原剂重度污染, 衣服可能着火, 此时须先用水冲洗或淋浴, 然后脱去衣物, 再一次冲洗。

(5) 连二亚硫酸钠、四氯硅烷、磷化锌等遇水反应物质污染皮肤时, 可先用干布擦拭皮肤，再用大量清水冲洗。

4. 眼睛接触

隐形眼镜妨碍清除污染物，一旦眼接触化学品，尽快用水冲洗几分钟，再妥善取下隐形眼镜，继续冲洗。冲洗时间为 10~15 min。冲洗过程要时时拉起上下眼睑，转动眼球，使上、下穹隆部眼结膜都得到充分冲洗。

现场冲洗之后，立即前往附近的医疗机构，根据化学品的性质作进一步冲洗，及时检查并清除上、下穹隆部可能隐藏的化学物质颗粒，然后根据需要做结膜下注射、散瞳等眼科对症处理。

# 第二节　危险化学品中毒救治

## 一、常见危险化学品中毒救治

（一）窒息性气体中毒

窒息性气体是指可以直接对氧的供给、摄取、运输、利用任一环节造成障碍的气态化合物。窒息性气体过量吸入可造成机体以缺氧为主要表现的疾病状态，称之为窒息性气体中毒。

大气中的氧经由呼吸道到达肺泡，然后弥散进入血液与红细胞中的血红蛋白结合成氧合血红蛋白，再经血液循环输送至全身各组织和器官，最终经过组织中的气体交换才得以进入细胞。在细胞内氧气借助于呼吸酶的作用，将糖、蛋白质、脂肪等养料转化为能量，以维持机体的生命活动，与此同时生成二氧化碳和水，这就是氧气的供给、摄取、运输和利用的全部过程。窒息性气体可破坏上述过程中的某一环节，从而引起机体缺氧乃至窒息。根据这些窒息性气体毒作用的不同，可将其大致分为三类。

（1）单纯窒息性气体。这类气体本身的毒性很低，或属惰性气体，但若在空气中大量存在可使吸入气中氧含量明显降低，导致机体缺氧。正常情况下，空气中氧含量约为 21%，若氧含量 <16%，即可造成呼吸困难；氧含量 <10%，则可引起昏迷甚至死亡。属于这一类的常见窒息性气体有氮气、甲烷、乙烷、丙烷、乙烯、丙烯、二氧化碳、水蒸气及氩、氖等惰性气体。

（2）血液窒息性气体。血液以化学结合方式携带氧气，正常情况下每克血红蛋白约可携带 1.4 mL 氧气，若每 100 mL 血液以 15 g 血红蛋白计算，约可携带 21 mL 氧气；肺血流量约 5 L/min，故血液每分钟约从肺中携出 1000 mL 氧气。血液窒息性气体的毒性在于它们能明显降低血红蛋白对氧气的化学结合能力，并妨碍血红蛋白向组织释放已携带的氧气，从而造成组织供氧障碍，故此类毒物亦称化学窒息性气体。常见的有一氧化碳、一氧化氮、苯的硝基或氨基化合物蒸气等。

（3）细胞窒息性气体。这类毒物主要作用于细胞内的呼吸酶，使之失活，从而阻碍细胞对氧的利用，造成生物氧化过程中断，形成细胞缺氧样效应。由于此种缺氧实质上是一种"细胞窒息"或"内窒息"，故此类毒物也称细胞窒息性毒物，常见的为氰化氢和硫化氢。

缺氧是窒息性气体中毒的共同致病环节，故缺氧症状是各种窒息性气体中毒的共有表现。轻度缺氧时主要表现为注意力不集中、智力减退、定向力障碍、头痛、头晕、乏力；缺氧较重时可有耳鸣、呕吐、嗜睡、烦躁、惊厥或抽搐，甚至昏迷。但上述症状往往为不同窒息性气体的独特毒性所干扰或掩盖，故并非不同病原引起的相近程度的缺氧都有相同的临床表现。及时地治疗处理，使脑缺氧尽早改善，常可避免发生严重的脑水肿，否则将会导致明显的急性颅压升高表现。

处理原则：窒息性气体中毒有明显剂量—效应关系。侵入体内的毒物数量越多，危害越大，且由于病情也更为急重，故特别强调尽快中断毒物侵入，解除体内毒物毒性。抢救措施开始得越早，机体的损伤越小，并发症及后遗症也越少。

（1）尽快将中毒者救离窒息环境，吸入新鲜空气。脱去衣物，清除皮肤污染源。

（2）观察生命体征。呼吸停止者，即行人工呼吸，给予呼吸兴奋剂。

（3）窒息伴肺水肿者，给予糖皮质激素。

常见的窒息性气体有一氧化碳、氰化氢、硫化氢和甲烷。

1. 一氧化碳

1）理化性质

一氧化碳为无色、无味、无臭、无刺激性的气体。化学式为 CO，CAS 号为 630-08-0，分子量为 28.01，比重为 0.967，沸点为 -190 ℃。几乎不溶于水，易溶于氨水。在空气中燃烧呈蓝色火焰，易燃易爆，在空气中爆炸极限为12.5%~74%。不易被活性炭吸附。

2）临床表现

（1）轻度中毒：出现剧烈的头痛、头昏、四肢无力、心跳、眼花、恶心、呕吐、步态不稳、出现轻度至中度意识障碍，但无昏迷。

（2）中度中毒：除轻度中毒症状外，面色潮红、多汗、脉快，出现浅至中度昏迷，经抢救恢复后无明显并发症。

（3）重度中毒：除轻度、中度中毒症状外，出现深昏迷或植物人状态。常见瞳孔缩小，对光反射正常或迟钝，四肢肌张力增高，可出现大小便失禁。加重可并发脑水肿、休克或严重的心肌损害、肺水肿、呼吸衰竭、上消化道出血、脑局灶损害如锥体系或锥体外系损害。

（4）急性一氧化碳中毒迟发脑病：急性一氧化碳中毒意识障碍恢复后，经约2~60天的"假愈期"，又出现神经、精神症状。

3）处理原则

（1）迅速将中毒者移离中毒现场至通风处，松开衣领，注意保暖，密切观察意识状态。

（2）及时进行急救与治疗：

①轻度中毒者，可给予吸氧及对症治疗；

②中度及重度中毒者，应积极给予常压口罩吸氧治疗，有条件时应给予高压氧治疗。重度中毒者视病情应给予消除脑水肿、促进脑血液循环，维持呼吸循环功能及镇痉等对症及支持治疗。加强护理、积极防治并发症及预防迟发脑病。

（3）对迟发脑病者，可给予高压氧、糖皮质激素、血管扩张剂或抗帕金森氏病药物与其他对症及支持治疗。

2. 氰化氢

1）理化性质

氰化氢为无色气体，有苦杏仁的特殊气味。化学式为 HCN，CAS 号为74-90-8，分子量为27.03，蒸气相对密度为0.94，沸点为25.7 ℃，易蒸发，在空气中易均匀弥散。易溶于水、乙醇和乙醚。其水溶液为氢氰酸。氰化氢在空气中可燃烧，空气中含量达 5.6%~12.8%时具有爆炸性。

2）临床表现

（1）轻度中毒：出现眼及上呼吸道黏膜刺激症状，乏力、头痛、头昏，口唇及咽部麻木，皮肤和黏膜红润，可出现恶心、呕吐、震颤等，呼吸和脉搏加快。

（2）严重中毒而未猝死者：先出现轻度中毒症状，继而出现意识丧失，呼吸极度困难，瞳孔散大，出现惊厥，皮肤和黏膜呈鲜红色，逐渐转为紫绀，最后由于呼吸中枢麻痹和心跳停止而死亡。

（3）皮肤或眼接触：可引起灼伤，亦可吸收致中毒。

3）处理原则

基本原则是立即脱离现场，就地及时治疗。脱去污染衣服，清洗被污染的皮肤。同时就地应用解毒剂（"亚硝酸异戊酯、亚硝酸钠—硫代硫酸钠"疗法，或抗氰急救针）。呼吸、心跳骤停者，按心肺复苏方案治疗（避免口对口人工呼吸）。

吸入者给予吸氧。皮肤接触液体者立即脱去污染的衣着，用流动清水或5%硫代硫酸钠冲洗皮肤至少20 min。眼接触者用生理盐水或清水冲洗5～10 min。口服者用0.2%高锰酸钾或5%硫代硫酸钠洗胃，给服活性炭（用水调成浆状）。

3. 硫化氢

1）理化性质

硫化氢为具有腐败臭蛋味的无色气体。化学式为 $H_2S$，CAS 号为7783-06-4，分子量为34.08，蒸气相对密度为1.19，沸点为-60.7 ℃，易积聚在低洼处。易溶于水生成氢硫酸，亦溶于乙醇、汽油、煤油和原油。呈酸性反应。能与大部分金属反应形成黑色硫酸盐。

2）临床表现

（1）轻度中毒：出现眼胀痛、畏光、咽干、咳嗽，轻度头痛、头晕、乏力、恶心、呕吐等症状。检查见眼结膜充血，肺部可有干啰音。

（2）中度中毒：有明显的头痛、头晕症状，并出现轻度意识障碍。或有明显的黏膜刺激症状，出现咳嗽、胸闷、视物模糊、眼结膜水肿及角膜溃疡等。

（3）重度中毒：可出现昏迷、肺泡性肺水肿、呼吸循环衰竭或"电击型"

死亡。

（4）慢性影响：长期接触低浓度硫化氢可引起眼及呼吸道慢性炎症，甚至可致角膜糜烂或点状角膜炎。全身可出现类神经症、中枢性自主神经功能紊乱，也可损害周围神经。

3）处理原则

（1）迅速脱离现场，吸氧、保持安静、卧床休息，严密观察，注意病情变化。

（2）抢救、治疗原则以对症及支持疗法为主，积极防治肺水肿、脑水肿，早期、足量、短程使用肾上腺糖皮质激素。对中、重度中毒，有条件者应尽快安排高压氧治疗。

（3）对呼吸、心跳骤停者，立即进行心、肺复苏，待呼吸、心跳恢复后，有条件者尽快高压氧治疗，并积极对症、支持治疗。

（4）对于皮肤和眼睛接触者，立即用大量流动清水冲洗至少 15 min。若皮肤发生冻伤，将冻伤处浸泡于 38～42 ℃的温水中复温。不要涂擦。不要使用热水。使用清洁、干燥的敷料包扎。

4. 甲烷

1）理化性质

甲烷俗称沼气，为无色、无臭、无味的气体。化学式为 $CH_4$，CAS 号为 74-82-8，分子量为 16.06，相对密度为 0.55，沸点为-161 ℃，微溶于水，溶于乙醇、乙醚，爆炸极限 5.3%～14%。

2）临床表现

甲烷对身体基本无毒，麻醉作用极弱。临床症状主要是缺氧表现。轻者为头痛、头昏、乏力、呼吸加速、心率加快、注意力不集中等症状，脱离接触呼吸新鲜空气后，症状可迅速消失。严重者可表现烦躁、心悸、胸闷、呼吸困难、意识障碍、共济失调、昏迷，若不及时脱离现场接触，可窒息死亡。

皮肤接触含甲烷的液化气体，可引起局部冻伤。

3）处理原则

迅速脱离现场，呼吸新鲜空气或吸氧，注意保温，间歇给氧，必要时选用高压氧治疗。呼吸、心跳停止时，应立即给予复苏。对症处理，注意防治脑水肿。忌用抑制呼吸中枢的药物，如吗啡等。

若皮肤发生冻伤,将冻伤处浸泡于 38~42 ℃的温水中复温。不要涂擦。不要使用热水。使用清洁、干燥的敷料包扎。

(二)刺激性气体中毒

刺激性气体主要是指那些由于本身的理化特性而对呼吸道及肺泡上皮具有直接刺激作用的气态化合物。刺激性气体过量吸入可引起以呼吸道刺激、炎症乃至以肺水肿为主要表现的疾病状态,称为刺激性气体中毒。

常见的刺激性气体可大致分为以下几类:

(1)酸类和成酸化合物:如硫酸、盐酸、硝酸、氢氟酸等酸雾;二氧化硫、三氧化硫、二氧化氮、五氧化二氮、五氧化二磷等成酸氧化物(酸酐);氟化氢、氯化氢、溴化氢、硫化氢等成酸氢化物。

(2)氨和胺类化合物:如氨、甲胺、乙胺、乙二胺、乙烯胺等。

(3)卤素及卤素化合物:以氯及含氯化合物(如光气)最为常见,近年有机氟化物中毒亦有增多,如八氟异丁烯、二氟一氯甲烷裂解气、氟利昂、聚四氟乙烯热裂解气等。

(4)金属或类金属化合物:如氧化镉、羰基镍、五氧化二钒、硒化氢等。

(5)酯、醛、酮、醚等有机化合物:酯、醛刺激性尤强,如硫酸二甲酯、甲醛等。

(6)化学武器:如刺激性毒剂(苯氯乙酮、亚当气、西阿尔)、糜烂性毒剂(芥子气、氮芥气)等。

(7)其他:臭氧($O_3$)也为一重要病因,它常被用作消毒剂、漂白剂、强氧化剂,空气中的氧在高温或短波紫外线照射下也可转化为臭氧,最常见于氩弧焊、X 线机、紫外灯管、复印设备等工作时。

毒性作用:刺激性气体通常以局部损害为主,其作用的个体特点是对眼、呼吸道黏膜及皮肤有不同程度的刺激作用,刺激作用过强时可引起全身反应。病变程度主要取决于吸入化学品的浓度、吸收速率和作用时间;病变的部位与毒物的水溶性有关。水溶性高的化学品接触到湿润的眼和上呼吸道黏膜时,易溶解附着在局部立即产生刺激作用,如氯化氢、氨;中等水溶性的化学品,在低浓度时只侵犯眼和上呼吸道,而高浓度时则可侵犯全呼吸道,如氯、二氧化硫;低水溶性的化学品,通过上呼吸道时溶解少,故对上呼吸道刺激性较小,易进入呼吸道深部,并逐渐与水分作用而对肺组织产生刺激和腐蚀,常引起化学性肺炎或肺水肿，如二氧化氮、光气。刺激性液体化学品直接接触皮肤黏膜可发生灼伤。

处理原则：立即脱离接触，脱去污染衣服，保持安静，保暖。并迅速用大量清水或中和剂彻底清洗被污染的部位。出现刺激反应者，应严密观察；对接触可能引起呼吸道迟发性病变毒物者（发病潜伏期较长者），观察期应延长，观察期应避免活动，卧床休息，并予以对症治疗。必要时予以预防性治疗药物如喷雾剂吸入、注射肾上腺糖皮质激素等，并给予心理治疗，有利于控制病情进展。

眼部受化学物污染，应立即彻底清洗，决不能不予冲洗即送医院，以免眼部发生不可逆的严重病变。皮肤污染化学灼伤等也应在现场冲洗彻底后送医院。

治疗原则：

（1）保持呼吸道通畅：可给予雾化吸入支气管解痉剂、去泡沫剂如二甲基硅油，必要时施行气管切开术。吸入去泡沫剂二甲硅酮可降低肺内泡沫的表面张力，清除呼吸道中水泡，增加氧的吸入量和肺泡间隔的接触面积，改善弥散功能，选择适当的方法给氧，增加呼吸运动，改善淋巴回流，促进液体吸收；根据毒物的种类不同，尽早雾化吸入弱碱（4%碳酸氢钠）或弱酸（2%硼酸或醋酸），以中和毒物；还可适当加入抗生素、糖皮质激素、支气管解痉剂；必要时气管切开、吸痰。

（2）改善和维持通气功能，降低肺毛细血管通透性，改善微循环：应尽早、足量、短期应用肾上腺皮质激素，藉以改善血管壁的通透性，减少或阻止胶体、电解质及细胞液等向细胞外渗出，增加机体应激能力。同时合理限制静脉补液量，使用脱水剂或利尿剂，以减少肺循环血容量，促进渗出的液体吸收等。

（3）合理氧疗：合理氧疗，必要时采用呼吸机辅助通气。

（4）对症治疗，积极预防并发症：根据病情可采取镇静、解痉、止咳、定喘等治疗方法。维持水及电解质平衡，预防发生继发性感染、酸中毒、气胸及内脏损伤等。

常见的刺激性气体有氯、氮氧化物、氨、光气、氟化氢。

1. 氯

1）理化特性

氯为黄绿色、具有异臭和强烈刺激性的气体。化学式为 $Cl_2$，CAS 号为 7782-50-5，分子量为 70.91，比重为 2.488，沸点为 -34.6 ℃，蒸气相对密度为 2.48，易溶于水和碱性溶液，也易溶于二硫化碳和四氯化碳等有机溶剂。

2）临床表现

氯是一种强烈的刺激性气体，经呼吸道吸入时，与呼吸道黏膜表面水分接触，产生盐酸、次氯酸，次氯酸再分解为盐酸和新生态氧，产生局部刺激和腐蚀作用。

（1）急性中毒：轻度者有流泪、咳嗽、咳少量痰、胸闷，出现气管—支气管炎或支气管周围炎的表现；中度中毒发生支气管肺炎、局限性肺泡性肺水肿、间质性肺水肿，或哮喘样发作，中毒者除有上述症状的加重外，出现呼吸困难、轻度紫绀等；重者发生肺泡性肺水肿、急性呼吸窘迫综合征、严重窒息、昏迷和休克，可出现气胸、纵隔气肿等并发症。

（2）吸入极高浓度的氯气，可引起迷走神经反射性心跳骤停或喉头痉挛而发生"电击样"死亡。

（3）眼睛接触可引起急性结膜炎，高浓度造成角膜损伤。

（4）皮肤接触液氯或高浓度氯，在暴露部位可有灼伤或急性皮炎。

（5）慢性影响：长期低浓度接触，可引起慢性牙龈炎、慢性咽炎、慢性支气管炎、肺气肿、支气管哮喘等。可引起牙齿酸蚀症。

3）处理原则

（1）吸入接触：

①必要时，应急人员应佩戴自给式呼吸器（SCBA）和防护衣。

②将中毒者移到空气新鲜处，观察呼吸。如果出现咳嗽或呼吸困难，考虑呼吸道刺激、支气管炎或肺部炎症。必要时给吸氧，辅助通气。喷雾吸入β2 激动剂，解除支气管痉挛，必要时吸入消泡剂。

③如果中毒者有呼吸困难，给予湿润的氧气。有报道称雾化吸入 5% 碳酸氢钠对治疗有显著益处，但其安全性和有效性的资料还不充分。

④如果怀疑肺水肿，及早拍摄 X 线胸片，隔 2~4 h 复查，密切观察。

⑤肺水肿可能迟发，监测呼吸功能 24 h，监测动脉血氧分压和二氧化碳分压，注意防治肺水肿，早期足量给糖皮质激素。对症治疗。

（2）眼睛接触：用大量的室温水冲洗接触眼睛至少 15 min。如果中毒者不适、疼痛、肿胀、流泪或持续畏光，立即寻求眼科医生检查。

（3）皮肤接触：脱去污染衣物并用大量肥皂水彻底冲洗。若刺激或疼痛仍然存在，立即就医。

2. 氮氧化物（NOₓ）

1）理化性质

氮氧化物是氮和氧化合物的总称，俗称硝烟，为最常见的刺激性气体之一。主要有氧化亚氮（$N_2O$，俗称笑气）、氧化氮（NO）、二氧化氮（$NO_2$）、三氧化二氮（$N_2O_3$）、四氧化二氮（$N_2O_4$）等。除$NO_2$外，气体氮氧化物均不稳定，遇光、湿、热变成$NO_2$。

生产中接触到的氮氧化物主要是$NO_2$，其在21.1 ℃时为红棕色具有刺激性气味气体，在21.1 ℃以下时呈暗褐色液体。分子量为46.01，沸点为21.21 ℃，溶于碱、二硫化碳和氯仿，较难溶水。性质较稳定。

2）临床表现

（1）轻度中毒：出现胸闷、咳嗽、咳痰等，可伴有轻度头晕、头疼、无力、心悸、恶心等症状。

（2）中度中毒：除轻度中毒症状外，可有呼吸困难、胸部紧迫感、咳嗽加剧，咳痰或咳血丝痰，轻度紫绀。

（3）重度中毒：可见肺水肿，表现为咳嗽加剧，咳大量白色或粉红色泡沫痰，呼吸窘迫，明显紫绀。部分中毒者可出现迟发性阻塞性毛细支气管炎。

3）处理原则

（1）迅速脱离中毒现场，静卧、保暖，避免活动，立即吸氧；并给予对症治疗。

（2）对刺激反应者，应观察24~72 h，观察期内应严格限制活动，卧床休息，保持安静，并给予对症治疗。

（3）保持呼吸道通畅：给予雾化吸入、支气管解痉剂、去泡沫剂，必要时行气管切开。

（4）早期、足量、短程应用糖皮质激素。

3. 氨

1）理化性质

氨为无色、具有强烈辛辣刺激性臭味的气体。化学式为$NH_3$，CAS号为

7664-41-7，分子量为 17.04，沸点为 -33.5 ℃，常温下加压可液化。极易溶于水而形成氨水，呈强碱性，能皂化脂肪。与空气混合时，能形成爆炸性气体。

2）临床表现

（1）短期内吸入大量氨气或接触液氨后，可立即出现流泪、咽痛、声音嘶哑、咳嗽、痰可带血丝、胸闷、呼吸困难，可伴有头晕、头痛、恶心、呕吐等，可出现发绀、眼结膜及咽部充血及水肿、呼吸率快、肺部啰音等。严重者可发生肺水肿、急性呼吸窘迫综合征，可因喉水肿、痉挛或支气管黏膜坏死脱落而致窒息，还可并发气胸、纵隔气肿。可伴有心、肝、肾损害。胸部 X 射线检查呈急性气管—支气管炎、支气管周围炎、支气管肺炎或肺泡性肺水肿表现。血气分析呈动脉血氧分压降低。吸入极高浓度可迅速死亡。

（2）误服氨水可致消化道灼伤，有口腔、胸、腹部疼痛，呕血、虚脱，可发生食管、胃穿孔。同时可能发生呼吸道刺激症状。

（3）眼接触液氨或高浓度氨气可引起灼伤，严重者可发生角膜穿孔。

（4）皮肤接触液氨可致灼伤。

3）处理原则

应迅速脱离事故现场，至空气新鲜处。维持呼吸功能。卧床静息。对症、支持治疗。防治肺水肿、喉痉挛或水肿、支气管黏膜脱落造成窒息，合理氧疗；保持呼吸道通畅，应用支气管舒缓剂；早期、适量、短程应用糖皮质激素，如可按病情给地塞米松 10~60 mg/d，分次给药，待病情好转后减量，大剂量应用一般不超过 3~5 d。注意及时进行气管切开，短期内限制液体入量。合理应用抗生素。脱水剂及吗啡应慎用。强心剂应减量应用。

皮肤灼伤应迅速用清水或 3% 硼酸溶液冲洗，特别应注意腋窝、会阴等潮湿部位。眼灼伤时应立即用流动清水冲洗 15~20 min，继而用 3% 硼酸溶液冲洗，12 h 内 15~30 min 冲洗一次，每天剥离结膜囊，防止睑球粘连。

误服氨水者给饮牛奶，催吐，有腐蚀症状时忌洗胃。

4. 光气

1）理化性质

光气即碳酰氯，化学式为 $COCl_2$，CAS 号为 75-44-5，分子量为 98.91，常温下为无色气体，有霉干草气味。易溶于苯等有机溶剂，微溶于水，可水解成二氧化碳和氯化氢。加热分解，产生有毒和腐蚀性气体。毒性比氯气大10倍。

2）临床表现

病情轻者仅出现一过性眼及上呼吸道黏膜刺激症状，轻度中毒者表现为支气管炎或支气管周围炎；重者经一段潜伏期后，常引起肺水肿，未及时治疗可发展为成人呼吸窘迫综合征（ARDS）。恢复较慢，一般宜观察 1~2 周，病死率较高，可达 20% 以上。

3）处理原则

吸入光气者，应迅速脱离现场到空气新鲜处，立即脱去污染的衣物，体表沾有液态光气的部位应立即彻底冲洗。保持安静，绝对卧床休息，注意保暖。早期给氧，给予药物雾化吸入，用支气管解痉剂、镇咳、镇静等对症处理。至少要密切观察 48 h，注意病情变化。

防治肺水肿：早期、足量、短程应用糖皮质激素，控制液体输入量。可以应用消泡剂如二甲硅油气雾剂吸入，注意保持呼吸道通畅。合理给氧；吸入氧浓度不宜超过 60%。

5. 氟化氢

1）理化性质

氟化氢化学式为 HF，CAS 号为 7664-39-3，分子量为 20.01，为无色有刺激味的气体，极易溶于水而形成氢氟酸。无水 HF 及 40% 氢氟酸可发生烟雾。二者均具有强腐蚀性。

2）临床表现

对上呼吸道黏膜有损害作用，可表现为黏膜刺激症状，或出现鼻出血、嗅觉丧失、顽固性溃疡，甚至鼻中隔穿孔。高浓度吸入或灼伤后经皮肤吸收可引起窒息、中毒性肺炎、肺水肿。长期低浓度接触可引起牙齿及骨骼的损害。

3）处理原则

立即将中毒者移离现场，口服 6 片碳酸钙或葡萄糖酸钙。密切注意有无喉及肺水肿发生。用 2%~4% 碳酸氢钠液洗鼻、含漱和雾化吸入。及早应用呼吸型面具常压输氧，有良好效果。如未出现肺水肿或其他呼吸困难征象，2~4 h 后可停止面具输氧，观察 24~48 h。

如发生急性反射性窒息，立即给氧，口对口人工呼吸，注射呼吸及循环兴奋剂。因喉水肿引起窒息或有上呼吸道灼伤者，立即行气管切开术。

眼污染时用流动清水冲洗至少 10 min，按酸灼伤处理。

（三）有机溶剂中毒

有机溶剂主要指那些可以溶解不溶于水的某些有机物（如油脂、树脂、蜡、烃类、染料等）的液体，其本身也均是有机化合物，常温常压下呈液态存在；在溶解过程中，它与溶质的性质均互无改变。

这类化合物种类繁多，目前在工农业生产、医药和科研领域广泛应用的近500 种，其中最重要的约 100 余种，按其化学结构可大致分为 10 类：

（1）芳香烃，如苯、甲苯、二甲苯、乙苯、苯乙烯等。

（2）脂肪烃，如戊烷、己烷、汽油及各种石油制品等。

（3）脂环烃，如戊烷、环己烷、环己烯、萘烷、松节油等。

（4）卤代烃，氯苯、二氯苯、二氯甲烷、氯仿、四氯化碳、二氯乙烷、三氯乙烷、四氯乙烷、二溴乙烷、二氯乙烯、三氯乙烯、四氯乙烯等。

（5）醇类，如甲醇、乙醇、丙醇、丁醇、苯甲醇、氯乙醇、环己醇、糠醇等。

（6）醚类，如甲醚、乙醚、异丙醚、二氯乙醚、1，2-环氧丙烷、环氧氯丙烷、二氧六环、四氢呋喃等。

（7）酯类，甲酸酯、乙酸酯、磷酸三邻甲苯酯（TOCP）、草酸酯、碳酸酯、磷苯二酸酯等。

（8）酮类，丙酮、丁酮、戊酮、甲基正丙酮、甲基丁酮、双丙酮醇、丙酮基丙酮、三甲基环己烯酮、环己酮、甲基环己酮等。

（9）二醇类，乙二醇、丙二醇、二噁烷、乙二醇单甲醚、乙二醇单乙醚等。

（10）其他，如二硫化碳、吡啶、乙腈、硝基丙烷、糠醛、二甲基甲酰胺等。

有机溶剂化学结构各异，理化性质差异甚大，从卫生学角度着眼，可归纳出以下几点共性：①常温常压下呈液态，挥发性强，具有各自独特气味及一定刺激性；②大部分（除酯类、部分卤烃外）具易燃易爆性；③具优良脂溶性，可经皮吸收，易透过血脑屏障。这些共同性质决定有机溶剂具有两个共同毒性：刺激作用、麻醉作用。除此之外，不同的有机溶剂尚有其特殊毒性，如有的神经毒性甚强，可引起中毒性脑病、中毒性神经病，甚至可导致精神失常；有的可引起中毒性肝病、中毒性肾病、中毒性心肌病等；慢性接触时，有的尚可引起再生障碍性贫血（苯等）、癌（多氯联苯、四氯化碳等）、致畸致突变（二硫化碳等）等。

刺激作用：有机溶剂均具不同程度的皮肤黏膜刺激性，皮肤接触可出现皲裂、皮炎甚至灼伤；其蒸气吸入可引起呛咳、流涕，重者如酯类、酮类、卤代烃等可引起支气管炎、肺炎、肺水肿甚至肺出血。

麻醉作用：是有机溶剂最突出的共同毒性，吸入浓度不高或高浓度吸入之初期，吸入者可出现头痛、头晕、视物不清、兴奋不安、恶心等症状，继续吸入则可引起精神失常、狂躁、抽搐、惊厥、昏迷，往往可因心律失常、心肌纤颤或呼吸骤停而死亡。由于此种麻醉症状出现甚快，脱离有机溶剂接触后恢复也快，提示症状乃有机溶剂的直接作用引起，而非其代谢产物的继发损伤。具体机制可能与有机溶剂的高度脂溶性，使之大量聚集于神经细胞及其纤维的磷脂成分中，干扰神经冲动的产生与传递有关；也有研究认为某些有机溶剂尚可干扰神经细胞的生物氧化过程，而此种干扰是可逆性的。

有机溶剂皮肤接触可致皲裂、皮炎等；溅入眼内可引起红肿、疼痛、流泪。吸入其蒸气可引起眩晕、无力、恶心、步态不稳、四肢麻木，重者有意识障碍、昏迷、抽搐，并有眼结膜充血、流泪、流涕、咳嗽等黏膜刺激症状，甚至可引起化学性肺炎；高浓度吸入常可诱发心律失常、传导阻滞、心室颤动，甚至心跳骤停。

常见的有机溶剂有苯、二氯乙烷、正己烷、二硫化碳、汽油等。

1. 苯

1）理化性质

苯在常温下为带特殊芳香味的无色液体。化学式为 $C_6H_6$，CAS 号为 71-43-2，分子量为 78，沸点为 80.1 ℃，极易挥发，蒸气相对密度为 2.77，燃点为 562.22 ℃，爆炸极限为 1.4% ~ 8%。微溶于水，易与乙醇、氯仿、乙醚、汽油、丙酮、二硫化碳等有机溶剂互溶。

2）临床表现

（1）急性中毒：短时间内吸入大量苯蒸气或口服多量液态苯后出现兴奋或酒醉感，有头晕、头痛、恶心、呕吐、兴奋、步态蹒跚，可伴有黏膜刺激征状。重症者有烦躁不安、意识模糊、昏迷、抽搐，甚至呼吸和循环衰竭。一般无持续性血象改变。

（2）亚急性中毒：相对较短时间内吸入较高浓度后可出现头晕、头痛、乏力、失眠等症状。约经 1~2 个月后可发生急性再生障碍性贫血。如及早发现，经脱离接触，适当处理，一般预后较原发性再生障碍性贫血为好，也有别于慢性重度苯中毒的再生障碍性贫血。目前对此类急性再生障碍性贫血是否属亚急性中毒，尚无统一意见。

3）处理原则

立即脱离事故现场至空气新鲜处。脱去污染的衣着，用肥皂水或清水冲洗污染的皮肤，注意保暖。口服者给洗胃。中毒者应卧床静息。对症、支持治疗。可给予葡萄糖醛酸。注意防治脑水肿。心搏未停者忌用肾上腺素，以免诱发心室颤动。

2. 二氯乙烷

1）理化性质

二氯乙烷室温下为无色液体，有氯仿样气味。化学式为 $C_2H_4Cl_2$，分子量为 98.97，蒸气相对密度为 3.4，难溶于水，可溶于乙醇和乙醚。加热分解，可产生光气。有两种同分异构体：1，2-二氯乙烷为对称异构体（CAS 号 107-06-2），沸点为 83.5 ℃，在空气中的爆炸极限为 6.2%~15.9%，属高毒物质；1，1-二氯乙烷为不对称异构体（CAS 号 75-34-3），沸点为 57.3 ℃，属微毒物质。

2）临床表现

急性中毒多因吸入对称体所致。以中枢神经系统损害的表现为主，可有肝、肾损害。亦可伴有眼和上呼吸道黏膜刺激症状。短时间内吸入高浓度蒸气，可出现眼、鼻、咽喉刺激症状。急性中毒时先出现头晕、头痛、乏力、兴奋、烦躁、易激动。呼出气有芳香气味。随之很快发生步态蹒跚、嗜睡、意识模糊或朦胧。较轻者继神经系统症状后可出现不同程度的恶心、呕吐、上腹痛。部分中毒者可有肝肿大、黄疸、肝功能异常或短时间蛋白尿、血尿。重者可出现谵妄、抽搐、昏迷。有的中毒者在昏迷苏醒后一段时间，可再度出现昏迷、抽搐，甚至死亡。

口服液体中毒时，除消化道刺激症状和中枢神经症状外，肝、肾损害可较明显。

皮肤被1,2-二氯乙烷液体大面积污染时可引起急性中毒，症状与吸入中毒时相似。

3）处理原则

（1）现场处理：应迅速将中毒者脱离现场，移至新鲜空气处，换去被污染的衣物，冲洗污染皮肤，保暖，并严密观察。

（2）清除污染：用大量的室温水冲洗接触眼睛至少15 min。

（3）接触反应者应密切观察，并给予对症处理。

（4）急性中毒以防治中毒性脑病为重点，积极治疗脑水肿，降低颅内压。目前尚无特效解毒剂。忌用吗啡和肾上腺素。恢复期忌饮酒或剧烈运动。同时注意防治肝、肾损害。

3. 正己烷

1）理化性质

正己烷为无色易挥发液体，有汽油味。化学式为$C_6H_{14}$，CAS号为110-54-3，分子量为86.17，沸点为69 ℃，相对密度为0.660（20 ℃/4 ℃），蒸气相对密度为2.97，蒸气压为1.33 kPa（15.8 ℃）。蒸气与空气混合物爆炸极限为1.2%~7.5%。不溶于水，溶于乙醚、乙醇和氯仿。遇热、明火易燃烧、爆炸。能与氧化剂发生剧烈反应，而引起燃烧爆炸。

2）临床表现

急性吸入高浓度的正己烷可出现头晕、头痛、胸闷、眼和上呼吸道黏膜刺激及麻醉症状，甚至意识不清。人吸入空气中含单纯的正己烷0.5‰(500 ppm) 3~5 min，无明显影响；0.8‰（800 ppm）15 min，眼和上呼吸道黏膜刺激；1.4‰~2‰（1400~2000 ppm）10 min，恶心、头痛、眼及咽部刺激；5‰（5000 ppm）10 min，引起头晕及轻度麻醉。

经口摄入可出现恶心、呕吐、支气管和胃肠道刺激症状，严重者可发生中枢性呼吸抑制。人摄入约50 g可致死。

3）处理原则

应迅速脱离接触，移至空气新鲜处。口服者给洗胃。眼或皮肤污染时给流动清水冲洗。对症处理。

4. 二硫化碳

1）理化性质

二硫化碳为易挥发的液体。纯品无色，具醚样气味，工业品为黄色，有烂萝卜气味。化学式为 $CS_2$，CAS 号为 75-15-0，分子量为 76.14，沸点为 46.3 ℃，蒸气相对密度为 2.6，爆炸极限为 1.0%~50.0%。几乎不溶于水，可与脂肪、乙醇、醚及其他有机溶剂混溶。

2）临床表现

发生于一段时间吸入高浓度二硫化碳，可出现明显的神经精神症状和体征，如兴奋、难以控制的激怒、情绪迅速改变，出现谵妄性躁狂、幻觉妄想、自杀倾向以及记忆障碍、严重失眠、噩梦、食欲丧失、胃肠紊乱、全身无力和影响性功能。

皮肤接触后局部可发生红斑，甚至大疱。

3）处理原则

对急性中毒的急救按气体中毒急救原则。中毒者应立即脱离现场。脱去污染的衣着。污染的皮肤用大量清水冲洗。误服，立即催吐、洗胃及导泻。对二硫化碳中毒尚无特效解毒剂，主要根据中毒者情况，可用 B 族维生素、能量合剂，并辅以对症支持疗法。

5. 汽油

1）理化性质

汽油为无色至淡黄色低黏度液体，具特殊臭味。主要成分为 $C_4$~$C_{12}$ 脂肪烃和环烃类，并含少量芳香烃和硫化物。CAS 号为 8006-61-9，蒸气相对密度为 3.5，蒸气压为 40.5~91.2 kPa（37.8 ℃），易挥发。不溶于水，易溶于苯、无水酒精、醚、氯仿、二硫化碳、醇、脂肪等。易燃。

2）临床表现

汽油蒸气吸入呼吸道后，轻度中毒出现头痛、头晕、恶心、呕吐、步态不稳、视力模糊、烦躁、哭笑无常、兴奋不安、轻度意识障碍等。重度中毒出现中度或重度意识障碍、化学性肺炎、反射性呼吸停止。汽油液体被吸入呼吸道后引起吸入性肺炎，出现剧烈咳嗽、胸痛、咯血、发热、呼吸困难、紫绀。如汽油液体进入消化道，表现为频繁呕吐、胸骨后灼热感、腹痛、腹泻、肝脏肿大及压痛。皮肤浸泡或浸渍于汽油时间较长后，受浸皮肤出现水疱、表皮破碎脱落，呈浅Ⅱ度灼伤。个别敏感者可发生急性皮炎。

3）处理原则

吸入：将中毒者移到空气新鲜处，观察呼吸。如果出现咳嗽或呼吸困难，考虑呼吸道刺激、支气管炎或局部性肺炎。必要时给吸氧，辅助通气。吸入β2激动剂或口服、注射肾上腺皮质激素。

皮肤接触：脱去污染衣物，并用大量肥皂水彻底冲洗暴露部位。若刺激或疼痛仍然存在，就医。仔细观察中毒者的皮肤接触部位是否出现任何迹象或全身症状，必要时给予对症治疗。

眼睛接触：用大量流动清水或生理盐水彻底冲洗眼睛至少15 min。如果中毒者不适、疼痛、肿胀、流泪或持续畏光，应在特护病房给予看护。

食入：可饮用牛奶或植物油，洗胃并灌肠。可使用活性炭吸收胃内容物。忌用催吐，以防诱发吸入性肺炎。注意保护肝、肾功能，积极防治肺炎。

（四）高分子化合物生产中中毒

高分子化合物也称聚合物或共聚物，是由一种或几种单体聚合或缩聚而成的分子量高达几千至几百万的大分子物质，由于具备许多天然物质难有的优异性能，如强度高、耐腐蚀、绝缘性好、质量轻等，已广泛应用于国民经济各个领域。

高分子化合物燃烧时可产生大量一氧化碳，并造成周围环境缺氧；某些化合物还生成其他热裂解产物；而含有氮和卤素的化合物尚可生成氰化氢、光气、卤化氢等物质，对机体危害尤大。

高分子化合物本身在正常条件比较稳定，对人体基本无毒，但在加工或使用过程中可释出某些游离单体或添加剂，对人体造成一定危害，如酚醛树脂在使用过程中可游离出酚和甲醛，聚氯乙烯则可释出作为稳定剂使用的铅化合物等。

某些高分子化合物在加热或氧化时，可产生毒性极强的热裂解产物，如聚四氟乙烯加热到420 ℃即可分解出四氟乙烯、六氟丙烯、八氟异丁烯等物质，刺激性甚强，吸入后可致严重中毒性肺炎、肺水肿。

高分子化合物生产过程中常见的危险化学品有氯乙烯、丙烯腈、二异氰酸甲苯酯、二甲基甲酰胺等。

1. 氯乙烯（VC）

1）理化性质

氯乙烯常温常压下为无色气体，略带芳香味，加压冷凝易液化成液体。化学式为 $H_2C=CHCl$，CAS 号为 75-01-4，分子量为 62.50，沸点为 -13.9 ℃，蒸气压为 403.5 kPa（25.7 ℃），蒸气密度为 2.15 g/L，爆炸极限为 3.6% ~ 26.4%。微溶于水，溶于醇和醚、四氯化碳等。热解时有光气、氯化氢、一氧化碳等释出。易燃、易爆。

2）临床表现

短时间内接触较高浓度后，出现头晕、恶心、胸闷、乏力，而无意识障碍。可伴有一过性的眼和上呼吸道黏膜刺激症状。

急性中毒：短时间内吸入高浓度后，引起以中枢神经系统麻醉为主的临床表现。中毒者很快出现头昏、头痛、眩晕、无力、恶心、呕吐、胸闷、步态蹒跚和嗜睡等轻度意识障碍。重者意识障碍可加重，甚至昏迷。少数中毒者发病数日后可出现肝损害。

眼接触后可出现畏光、流泪、充血、疼痛等刺激症状。

皮肤接触液体后可出现局部麻木、红斑、水肿、水泡，甚至坏死。

3）处理原则

急性中毒者应及时脱离现场，吸入新鲜空气，换下污染衣物，污染皮肤用大量清水冲洗，眼睛接触后用大量清水冲洗。同时采取对症治疗。

2. 丙烯腈（AN）

1）理化性质

丙烯腈常温常压下为无色、易燃、易挥发的液体，具有特殊的苦杏仁气味。化学式为 $H_2C=CHCN$，CAS 号为 107-13-1，分子量为 53.06，沸点为 77.3 ℃，蒸气压为 14.6~15.3 kPa（25 ℃），蒸气密度为 1.9 g/L，爆炸极限为 3.05% ~ 17%。略溶于水，易溶于丙酮、乙醇。易聚合。

2）临床表现

急性丙烯腈中毒是短时间内接触大量丙烯腈所致的以中枢神经系统损害为主，伴有黏膜刺激、局部皮肤损害等临床表现的疾病。中毒症状与氢氰酸中毒相似，但发病较缓，症状出现时间与接触剂量有关。一般在 24 h 内出现症状，多在接触后 1~2 h 内出现。

轻度中毒表现头晕、头痛、乏力，上腹不适、恶心、呕吐、胸闷、手足麻木等症状、并可出现短暂的意识蒙眬、口唇紫绀、眼结膜及鼻、咽部充血，尿硫氰酸盐含量增高，病程中血清 AST（GPT）可增高。一次大量接触后，可致重度中毒，于短时间内出现四肢阵发性强直性抽搐或昏迷。

丙烯腈污染皮肤可出现接触性皮炎，表现为接触部位疼痛、红肿、丘疹、水泡等。

高危人群为有明显的神经系统疾病、明显的肝脏疾病、明显的心血管疾病；经常发作的过敏性皮肤病者、妊娠期妇女。

3）处理原则

基本原则与方法同氰化物中毒：

（1）迅速移离现场，脱去污染的衣物，用清水或 5% 硫代硫酸钠溶液彻底清洗被污染的皮肤。

（2）对于眼睛接触者，立即用大量清水冲洗至少 15 min，就医。

（3）早期吸氧、预防心、脑器官损害。

（4）轻度中毒者静脉注射硫代硫酸钠及其他对症治疗；重度者应先吸入亚硝酸异戊酯，紧接着静脉注射硫代硫酸钠。

3. 二异氰酸甲苯酯（TDI）

1）理化性质

二异氰酸甲苯酯常温常压下为乳白色液体或结晶，存放后呈浅黄色，具有强烈刺激性。化学式为 $CH_3C_6H_3(NCO)_2$，CAS 号为 584-84-9，分子量为 174.2，沸点为 250 ℃，蒸气压为 0.133 kPa（80 ℃），密度为 1.21 $g/cm^3$（28 ℃），蒸气密度为 6.0 g/L。不溶于水，溶于丙酮、乙醚、苯、四氯化碳和煤油等。有 2 种异构体，即 2,4-二异氰酸甲苯酯和 2,6-二异氰酸甲苯酯。

2）临床表现

吸入高浓度 TDI 主要表现为眼及呼吸道黏膜刺激症状，咽喉干燥、疼痛、剧咳、气急、胸闷、胸骨后不适或疼痛、呼吸困难等，往往伴有恶心、呕吐、腹痛等胃肠症状。严重中毒者可见喘息性支气管炎、化学性肺炎和肺水肿等。易引发过敏性哮喘。

3）处理原则

立即脱离现场转移至新鲜空气处；用清水彻底冲洗被污染的皮肤和眼部。吸入 TDI 有黏膜刺激症状者应密切观察；早期吸氧，对症处理，给予糖皮质激素，限制水量，合理使用抗生素，注意肺水肿预防和处理。

4. 二甲基甲酰胺（DMF）

1）理化性质

二甲基甲酰胺为无色液体，有氨气味。化学式为 $HCON(CH_3)_2$，CAS 号为 68-12-2，分子量为 73.1，沸点为 153 ℃，蒸气压为 0.49 kPa（25 ℃），爆炸极限为 2.2%~15.2%。溶于水和一般有机溶剂，与碱接触可生成二甲胺。

2）临床表现

常以神经系统、消化系统和皮肤改变为主要临床表现。吸入高浓度 DMF 后可出现眼、上呼吸道症状、头痛、头晕、嗜睡、恶心、呕吐、腹痛和便秘等症状。重症中毒者可出现肝、肾损害。

皮肤污染者局部有麻木、瘙痒、灼痛感以及丘疹、水肿甚或水疱、糜烂等改变。

3）处理原则

急性中毒者应及时脱离现场，用大量清水彻底冲洗被污染的皮肤和眼睛，禁用碱性溶液清洗皮肤和眼部，以免产生毒性更大的二甲胺。无特效解毒剂，应及时采取对症治疗和支持疗法。重点是护肝治疗。

（五）农药中毒

农药指用于预防、消灭或控制危害农业、林业的病、虫、草和其他有害生物以及有目的的调节植物、昆虫生长的化学合成或者来源于生物、其他天然物质的一种物质或者几种物质的混合物及其制剂。

农药可有不同的分类方法，如按作用方式可分为内吸剂、触杀剂、胃毒剂、熏蒸剂、不育剂、拒食剂、诱杀剂、防腐剂等；按化学结构特点可分为无机物、有机汞、有机锡、有机氯、有机砷、有机磷、有机硫、有机氟、有机氮、卤代烃、硝基化合物、酚类、醌类、有机酸类、脲及硫脲类、酯类、茚满二酮类、氮杂环类等；按用途可分为杀虫剂、杀螨剂、杀霉菌剂、除草剂、杀鼠剂、植物生长调节剂、不育剂、脱叶剂、增效剂、驱避剂等。

急性农药中毒最主要的是杀虫剂，常见品种为有机磷类、氨基甲酸酯类、拟除虫菊酯类、有机氯、杀虫脒等，其次为杀霉菌剂（常见品种如有机汞、有机锡等）、杀鼠剂（如有机氟、茚满二酮类等）及个别除草剂（如百草枯）等。

农药由于化学结构相差很大，故毒性亦不尽相同，但不少农药，尤其是有机化合物，可具有下列一些共同毒性特点：

（1）神经毒性。多数有机化合物类农药，由于脂溶性较强，常具有不同程度的神经毒性，有的还是其发挥杀虫作用的主要机制。毒性最强的为有机锡、有机汞、有机氯、有机氟、有机磷、卤代烃、氨基甲酸酯等，常可致中毒性脑病、脑水肿、周围神经病等，临床可见头痛、恶心、呕吐、抽搐、昏迷、肌肉震颤、感觉障碍或感觉异常、瘫痪等，有的尚可引起中枢性高热，如六六六、狄氏剂、艾氏剂、毒杀芬等有机氯类。

（2）皮肤黏膜刺激性。几乎各种农药均具一定刺激性，其中以有机硫、有机氯、有机磷、有机汞、有机锡、氨基甲酸酯、杀虫脒、酚类、卤代烃、除草醚、百草枯等作用最强，可引起皮疹、痤疮、水泡、灼伤、溃疡等。

（3）心脏毒性。不少农药可引起心肌损伤，导致 ST 及 T 波异常、传导障碍、心律失常甚至心源性休克、猝死，尤以有机氯、有机汞、有机磷、有机氟、杀虫脒、磷化氢等最为突出。

（4）消化系统毒性。各类农药口服均可致明显化学性胃肠炎而引起恶心、呕吐、腹痛、腹泻；有的如砷制剂、百草枯、环氧丙烷、401、402 等，甚至可引起腐蚀性胃肠炎，而有呕血、便血等表现；还有些农药如有机氯、有机汞、有机砷、有机硫、氨基甲酸酯类、卤代烃、环氧丙烷、2，4-滴、杀虫双、百草枯等则具有较强的肝脏毒性，可引起肝功能异常及肝脏肿大。

有些农药还具有独特的毒性，如：①血液毒性，如杀虫脒、螟蛉畏、甲酰苯肼、敌砷、除草醚等可引起明显的高铁血红蛋白血症，甚至导致溶血；代森锌可引起硫化血红蛋白血症，也可致溶血；茚满二酮类可致凝血障碍，可引起全身严重出血；②肺脏毒性，如五氯苯酚、氯化苦、磷化氢、福美锌、安妥、杀虫双、有机磷、氨基甲酸酯、拟除虫菊酯、卤代烃、百草枯等对肺有强烈刺激性，可致严重化学性肺炎、肺水肿，后者还能引起急性肺间质纤维化；③肾脏毒性，前述可引起急性血管内溶血的农药，皆可因血红蛋白管型堵塞肾小管，引起急性肾小管坏死甚至急性肾功能衰竭。此外，有机磷、有机硫、有机汞、有机氯、有机砷、杀虫双、安妥、五氯苯酚、环氧丙烷、卤代烃等对肾小管还有直接毒性，可引起急性肾小管坏死甚至急性肾功能衰竭；杀虫脒还可以引起出血性膀胱炎；④其他，如五氯酚钠、二硝基苯酚、二硝基甲酚、乐杀螨、敌普螨等可导致体内氧化磷酸化解偶联，使氧化过程生成的能量无法以

ATP 形式储存而转化为热能释出，机体可发生高热、惊厥、昏迷。

1. 有机磷酸酯类农药

有机磷酸酯类农药是我国目前生产和使用最多的一类农药，除单剂外，也是许多多元混剂的一个成分。我国生产的有机磷农药绝大多数是杀虫剂。

1）理化特性

有机磷农药纯品一般为白色结晶，工业品为淡黄色或棕色油状液体，除敌敌畏等少数品种有不太难闻的气味外，大多有类似大蒜或韭菜的特殊臭味。有机磷农药的沸点除少数例外，一般都很高。比重多大于 1，比水稍重。常具有较高的折光率，在常温下，有机磷农药的蒸气压都很低，但无论液体或固体，在任何温度下都有蒸气逸出，也会造成中毒。一般难溶于水，易溶于芳烃、乙醇、丙醇、氯仿等有机溶剂，而石油醚和脂肪烃类则较难溶。

大部分有机磷农药是一些磷酸酯或酰胺，容易在水中发生水解而分解为无毒化合物，但磷酰胺类有机磷则水解较难，敌百虫在碱性条件下可变成敌敌畏。很多有机磷农药在氧化剂作用或生物酶催化作用下容易被氧化。有机磷农药一般均不耐热，其化学结构不稳定，在加热到 200 ℃ 以下即发生分解，甚至爆炸。

2）临床表现

急性中毒的潜伏期与侵入途径、剂量、农药种类、个人状况有很大关系，一般而论，口服的潜伏期最短，数十分钟内即发病；空腹或大剂量时，数分钟至十数分钟即可发病；吸入其蒸气一般在 30 min 左右发病；皮肤吸收多在 2 h 后方发病。

主要临床症状有以下 4 组。

（1）毒蕈碱样症状。主要因副交感神经节前节后纤维兴奋引起，少数交感神经节后纤维（如汗腺）也兴奋，故有平滑肌兴奋、腺体分泌亢进等表现，如恶心、呕吐、腹痛、腹泻、流涎、流涕、流泪、气管分泌增多、呼吸困难、多汗、瞳孔缩小，甚至可发生肺水肿、呼吸衰竭。

（2）烟碱样症状。主要由运动神经、交感神经节前纤维、肾上腺髓质兴奋引起，表现为肌肉震颤，严重时可形成全身强直性痉挛，继而肌肉瘫软、呼吸肌麻痹，可引起呼吸衰竭，此外，还可见面色苍白、血压升高、心跳加快、心力衰竭等。

（3）中枢神经症状。主要因中枢神经细胞间突触的兴奋引起，表现为头痛、头晕、乏力、烦躁、谵妄、抽搐、昏迷、呼吸衰竭甚至死亡。

（4）其他。如中毒性心肌损害，近年发现发生率很高，常引起 ST-T 波改变、传导阻滞、心律失常甚至心衰、猝死，如乐果等；有些种类的有机磷农药如乐果、氧化乐果、倍硫磷、久效磷、甲胺磷、敌敌畏等可引起中间综合征（inter mediate syndrome，IMS），主要表现为中毒后 2~4 天，各种症状基本消失之后，突然发生肢体近端肌肉无力，严重者可因呼吸肌麻痹而死亡；还有些有机磷农药可在中毒后 1~2 周诱发迟发性神经病，表现为四肢远端感觉障碍，肌肉无力，下肢尤甚，重者发生肌肉萎缩，难以恢复。

3）处理原则

（1）清除毒物。立即使中毒者脱离中毒现场，脱去污染衣服，用水或肥皂水（忌用热水，以免增加毒物吸收）彻底清洗污染的皮肤、头发、指甲；眼部如受污染，应迅速用清水或 2% 碳酸氢钠溶液冲洗。敌百虫中毒时一定要用清水冲洗。经口中毒者应立即探咽导吐并洗胃。洗胃要早，彻底、反复进行，直至无农药味为止。一般选用 2% 碳酸氢钠溶液、1∶5000 高锰酸钾、0.45% 盐水洗胃。但必须注意敌百虫中毒应选用清水洗胃，忌用碳酸氢钠溶液、肥皂水洗胃。对硫磷、内吸磷、甲拌磷、乐果、马拉硫磷、硫特普等忌用高锰酸钾液洗胃。若不能确定有机磷种类，则用清水、0.45% 盐水彻底洗胃；亦可用 10% 活性炭混悬液洗胃并留置 30~50 g 的混悬液于胃内，再用甘露醇或硫酸钠导泻。

（2）特效解毒药。迅速给予解毒药物。轻度中毒者可单独给予阿托品；中度或重度中毒者需要阿托品及胆碱酯酶复能剂（如氯解磷定、解磷定）两者并用。合并使用时，有协同作用，剂量应适当减少。应用原则：早期、迅速、足量、反复给药，以尽快达到阿托品化。敌敌畏、乐果等中毒时，使用胆碱酯酶复能剂的效果较差，治疗应以阿托品为主。注意阿托品化，但也要防止阿托品过量，甚至中毒。

（3）对症治疗。治疗过程中，特别注意要保持呼吸道通畅。出现呼吸衰竭或呼吸麻痹时，立即给予机械通气。必要时做气管插管或切开。呼吸暂停时，不要轻易放弃治疗。急性中毒者临床表现消失后仍应继续观察 2~3 天；乐果、马拉硫磷、久效磷中毒者，应延长治疗观察时间，重度中毒者避免过早活动，防止病情突变。

2. 拟除虫菊酯类农药

常用的拟除虫菊酯类农药有：溴氰菊酯（敌杀死）、氰戊菊酯（速灭杀丁）、氯氰菊酯、甲醚菊酯、甲氰菊酯、氟氰菊酯、氟胺氰菊酯、氯氟氰菊酯、氯烯炔菊酯、三氟氯氰菊酯、联苯菊酯、氯菊酯、胺菊酯、炔呋菊酯、苯氰菊酯、苯醚菊酯、丙炔菊酯、丙烯菊酯、烯炔菊酯、烯丙菊酯、戊烯氰菊酯等。

1）理化特性

拟除虫菊酯类农药大多数为黏稠状液体，呈黄色或黄褐色，少数为白色结晶如溴氰菊酯，一般配成乳油制剂使用。多数品种难溶于水，易溶于甲苯、二甲苯及丙酮中。大多不易挥发，在酸性条件下稳定，遇碱易分解。用于杀虫的拟除虫菊酯类农药多为含氰基的化合物（Ⅱ型），用于卫生杀虫剂则多不含氰基（Ⅰ型），常配制成气雾或电烤杀蚊剂。

2）临床表现

本品可经呼吸道、消化道及皮肤吸收，在体内代谢甚快，主要经尿排出。本品有较强的神经毒性，可致中毒性脑病、周围神经功能障碍，并具皮肤黏膜及呼吸道刺激性。皮肤接触者可引起局部瘙痒、烧灼感、针刺感、红斑、疱疹等表现，其潜伏期仅数十分钟；田间喷洒施药是此类农药中毒最常见原因，出现全身中毒症状的潜伏期为 2~12 h，最短在数十分钟内发病，主要表现为头晕、头痛、恶心、食欲不振、乏力、精神萎靡、流涎及十分明显的面部烧灼感。严重者出现四肢粗大的肌束震颤、阵发性抽搐或强直痉挛、瞳孔缩小、肺水肿、呼吸困难、心悸、紫绀、昏迷，可因呼吸循环衰竭死亡。严重病例多见于口服中毒者，此时的消化道症状亦十分突出，有报告指出吞入 25 mL 拟除虫菊酯即可引起明显中毒症状。

3）处理原则

（1）清除毒物。立即脱离中毒现场，有皮肤污染者应用肥皂水或清水彻底清洗。注意保温。口服者选用 2% 碳酸氢钠溶液反复洗胃，洗胃后注入活性炭以吸附毒物，禁用高锰酸钾溶液洗胃，并用硫酸钠导泻。吸入中毒者可给予半胱氨酸衍生物，如甲基胱氨酸雾化吸入 15 min。

（2）特效解毒药。迄今尚无特效解毒剂，以对症治疗以及支持疗法为主。

阿托品虽可减轻口腔分泌和肺水肿，但切忌剂量过大，以免引起阿托品中毒。出现抽搐者可给予抗惊厥剂。如为拟除虫菊酯类与有机磷类混配农药的急性中毒，临床表现常以有机磷中毒为主，治疗上也应先解救有机磷农药中毒，再辅以对症治疗。

3. 氨基甲酸酯类农药

此类农药常用的有呋喃丹、西维因、速灭威、混灭威、叶蝉散、涕灭威、残杀威、兹客威、异索威、猛杀威、虫草灵等。

1）理化特性

大多数氨基甲酸酯农药为白色结晶，无特殊气味。熔点多在 50~150 ℃。蒸气压普遍较低，一般在 0.041~15 MPa。大多数品种易溶于多种有机溶剂，难溶于水。在酸性溶液中分解缓慢、相对稳定，遇碱易分解。温度升高时，降解速度加快。

2）临床表现

本品主要经消化道和呼吸道侵入体内，代谢甚快，24 h 可排出摄入量 70%~80%，主要经尿排出。其毒性机制与有机磷相似，可抑制乙酰胆碱酯酶（AchE）功能，但由于可被迅速水解，故 AchE 活性恢复较快。

口服者多在 10~30 min 发病，吸入其蒸气者多在 2~3 h 发病；症状与有机磷中毒相似；除非口服量较大可引起死亡，一般多可较快恢复。

3）处理原则

（1）清除毒物。中毒者立即脱离现场，脱去污染衣物，用肥皂水反复彻底清洗污染的皮肤、头发、指甲或伤口。眼部受污染者，应迅速用清水或生理盐水冲洗。口服中毒者，及时用微温水或 2%~3% 碳酸氢钠溶液彻底洗胃，硫酸钠导泻。并给予静脉输液以促进毒物排泄。

（2）特效解毒药。阿托品是治疗的首选药物。但要注意，轻度中毒不必阿托品化；重度中毒者开始最好静脉注射阿托品，并尽快达到阿托品化，但总剂量远比有机磷中毒时为小。一般认为单纯氨基甲酸酯杀虫剂中毒不宜用肟类复能剂，因其可增加氨基甲酸酯的毒性，并降低阿托品疗效。但目前的临床经验提示，适当使用肟类复能剂是有助于治疗的。

（3）对症治疗。保持呼吸道通畅，防止呼吸衰竭和脑水肿。主要纠正水和电解质平衡失调，给予葡醛内酯，以促进毒物代谢。重症中毒者可应用肾上腺糖皮质激素和抗生素。

4. 甲脒类农药

甲脒类农药是一种广谱的杀虫剂和杀螨剂，主要用以防治水稻螟虫和棉花红铃虫、果树螨类，属低残留、中等毒类农药。常用的该类农药有氯苯甲脒（又名杀虫脒、杀螨脒、克死螨）、阿米曲士（又名虫螨克）、去甲氯苯甲脒、乙氯苯甲脒等。

1）理化特性

纯品为白色结晶，工业品为微黄色结晶。熔点为 225~227 ℃。易溶于水和乙醇，难溶于其他有机溶剂。在酸性溶液中比较稳定，遇碱则分解。对人、畜毒性为低毒。雄大白鼠口服 $LD_{50}$ 为 335 mg/kg。

2）临床表现

本品可经由消化道、呼吸道和皮肤吸收，但生产性中毒主要由皮肤污染引起。杀虫脒在体内代谢、排出均甚快，蓄积性小，一次摄入后 3 天可排出 90% 左右，主要经尿排出；其代谢产物主要为去甲基杀虫脒、N-甲酰-对氯邻甲苯胺、4-氯邻甲苯胺、5-氯邻氨基苯甲酸等。

中毒的主要表现为意识障碍、高铁血红蛋白血症和出血性膀胱炎，心肌、肝、肾也有不同程度的损害。生产性中毒的潜伏期约 2~6 h，口服的潜伏期约数十分钟。主要表现为头晕、头痛、乏力、精神萎靡、恶心、厌食、四肢麻木及明显嗜睡，严重者可发生昏迷、大小便失禁，甚至呼吸循环衰竭；同时，尚可见明显紫绀及缺氧症状，与剂量有明显相关；中毒后 12~48 h，则出现尿急、尿频、尿痛、血尿等出血性膀胱炎症状；较重中毒者常有发热、心电图 ST-T 波异常、传导阻滞、心律失常、肝功能和肾功能异常等。

3）处理原则

（1）清除毒物。皮肤接触者可用清水或 2% 碳酸氢钠溶液冲洗；经口中毒应立即洗胃导泻，选用清水、2% 碳酸氢钠，若中毒者神志清楚，则饮水，后探咽催吐，反复进行。小儿及神志不清中毒者，插胃管彻底清洗后，再灌入 1 g/kg 活性炭的混悬液于胃中，继用 50% 硫酸钠 30~60 mL 导泻。眼部接触者不宜用 2% 硼酸清洗。

（2）特效解毒药。迄今尚无特效解毒剂。高铁血红蛋白血症使用小剂量亚甲蓝、大剂量维生素 C、高渗葡萄糖和辅酶 A 治疗。亚甲蓝一般每次 1~

2 mg/kg，成人首剂可用 1% 亚甲蓝 5 ~ 10 mL，加入 50% 葡萄糖 40 mL 中静脉缓慢注射，根据病情 2 ~ 6 h 重复 1 次，但不宜大于 0.6 g/d；亦可用亚甲蓝 1 mg/kg，加入维生素 C 1 ~ 2 g，静脉缓慢注射；维生素 $B_{12}$、辅酶 A 可加强亚甲蓝的还原作用，可同时给药。

（3）对症治疗。给氧、补液、利尿、注意水和电解质平衡；抽搐者用地西泮止痉；出血性膀胱炎可用维生素 K 及安特诺新止血，碳酸氢钠碱化尿液，抗生素（注意选用肾毒性小的药物）预防感染；出现中毒性心肌炎、肝炎等应给予相应的治疗。单纯甲脒类农药中毒不用阿托品治疗，如合并有机磷农药中毒者，中毒者对阿托品耐受性小，阿托品化出现早，大剂量阿托品应用应谨慎。

5. 百草枯

百草枯又名对草快、克草王、克草灵等，国内商品名为克芜踪，为联吡啶类化合物。它是一种速效触杀型灭生性除草剂，喷洒后能很快发挥作用，接触土壤后迅速失活，因此在土壤中无残留，不会损害植物根部。

1）理化特性

离子百草枯为无色或淡黄色固体，无嗅。化学名 1，1-二甲基-4，4-联吡啶阳离子，化学式为 $C_{12}H_{14}N_2$，CAS 号为 4685-14-7，相对密度为 1.24（20 ℃/20 ℃），蒸气压接近于 0（20 ℃）。溶于水，几乎不溶于有机溶剂。对金属有腐蚀性。在 175 ~ 180 ℃分解。

百草枯为 1，1-二甲基-4，4-联吡啶阳离子二氯化物，纯品为白色粉末。化学式为 $C_{12}H_{14}N_2Cl_2$，CAS 号为 1910-42-5，分子量为 257.2。易溶于水。不易挥发。稍溶于丙酮和乙醇，在酸性及中性溶液中稳定，在碱性介质中不稳定，遇紫外线分解。惰性黏土和阴离子表面活性剂能使其钝化。其商品为紫蓝色溶液，有的已经加入催吐剂或恶臭剂。

2）临床表现

皮肤接触可引起局部瘙痒灼痛、红斑、水泡、溃疡或坏死，本品对眼亦有刺激损伤作用。中毒症状主要为在头痛、头晕、乏力、烦躁等基础上出现明显呼吸系统症状，如咳嗽、胸痛、胸闷、气急、紫绀，可因肺水肿、肺早期纤维化、呼吸衰竭死亡；较重中毒者还可出现精神障碍、抽搐及心肌、肝、肾严重损害表现。重度中毒主要见于口服者，3 g 即可致死；口服后可致口腔、食道及胃化学性灼伤而出现剧烈恶心、呕吐、腹痛、腹泻、便血、吐血等，并合并肝功异常、肝肿大压痛、蛋白尿、血尿甚至急性肾功能衰竭、心跳骤停、肺水肿、肺早期纤维化、呼吸衰竭等表现。其机制可能与本品在体内生成大量氧自由基，诱发强烈脂质过氧化反应有关。

3）处理原则

无特效解毒剂，但必须在中毒早期采取一切行之有效的手段控制病情发展，阻止肺纤维化的发生。

（1）阻止毒物继续吸收：尽快脱去污染的衣物，用肥皂水彻底清洗污染的皮肤、毛发。眼部受污染时立即用流动清水冲洗，时间不少于 15 min，经口中毒者应给予催吐、彻底洗胃，同时加用吸附剂（活性炭或者 15% 漂白土）以减少机体对毒物的吸收，继之甘露醇或硫酸镁导泻。由于百草枯有腐蚀性，洗胃时要小心。

（2）加速毒物排泄：除常规输液、使用利尿剂外，最好在中毒者服毒后 24 h 内进行血液透析或血液灌流，血液灌流对毒物的清除率是血液透析的 5～7 倍。

（3）防止肺纤维化：及早给予自由基清除剂，如维生素 C、E、SOD 等。有实验报告谷胱甘肽、茶多酚能提高机体抗氧化能力，对百草枯中毒有改善作用。应避免高浓度氧气吸入，以避免增加活性氧形成，加重肺组织损害。仅在氧分压小于 5.3 kPa（40 mmHg）或出现 ARDS 时才用大于 21% 浓度的氧气吸入，或用呼气末正压呼吸给氧。此外，中毒早期应用肾上腺糖皮质激素及免疫抑制剂（环磷酰胺、硫唑嘌呤）可能对中毒者有效。但一旦肺损伤出现则无明显作用。

（4）对症与支持疗法：保护肝、肾、心功能，防治肺水肿、加强对口腔溃疡、炎症的护理，积极控制感染。

百草枯中毒者如出现肺部损害，预后往往不好，死亡率高。故对中毒者要密切观察肺部症状、体征，动态观察胸部 X 片及血气分析，以助于早期确定肺部病变。

**二、常见中毒症状处理**

危险化学品中毒常见症状包括昏迷、惊厥、肺气肿、哮喘、急性呼吸衰竭、休克等共 13 种。

1. 昏迷

密切观察患者的体温、脉搏、呼吸、血压、昏迷程度、神经反射。除去假牙，防止发生外伤、褥疮及角膜损伤；鼻饲营养，必要时输液；注意水电解质和酸碱平衡。重要的是维持呼吸道通畅，给予口咽气道或气管内插管，必要时行气管切开术，并注意及时吸痰。呼吸抑制时注射尼可刹米、苯甲酸咖啡因或山梗菜碱，可定时注射。呼吸每分钟不足 10 次时，应采用人工呼吸或机械呼吸。昏迷超过 10 h，应导尿或留置导尿管；深度昏迷病人可给予抗生素防治继发性感染。

2. 惊厥

避免病人在惊厥时受伤，保持呼吸道通畅。不管惊厥原因为何，严重的惊厥往往需要抗痉挛药物，可注射安定或阿米妥钠。如有脑水肿，可给予脱水疗法；缺氧时给予吸氧。

3. 肺水肿

将病人迅速移离中毒现场，安静卧床，保暖，吸氧。早期应用糖皮质激素可预防肺水肿的发生并缓解症状。出现肺水肿后，给予吸氧以纠正缺氧；加用抗泡沫剂如 10% 硅酮或 1% 二甲基硅油，清除呼吸道分泌物，防止窒息。病人极度不安时可注射安定。预防脑水肿，必要时可用脱水剂和利尿剂，但剂量不宜过大。

4. 哮喘

轻度发作时可口服氨茶碱或雾化吸入 0.25% ~ 0.5% 异丙肾上腺素溶液，并用祛痰剂如必嗽平等。重度发作可缓慢静脉滴注氨茶碱，或用糖皮质激素如氢化可的松或地塞米松等；吸氧、补液。

5. 急性呼吸衰竭

积极治疗原发病，保持呼吸道通畅。呼吸道感染和痰液阻塞往往是起病的诱因，要采取措施积极控制。危重病人应及早行气管插管或气管切开，吸出痰液；用支气管解痉药；吸氧以纠正低氧血症。呼吸抑制者用呼吸中枢兴奋剂。血氧不能提高、高碳酸血症逐渐加重是使用机械通气的指征。在为纠正呼吸性酸中毒而使用机械通气时，要注意防止呼吸性碱中毒。鼓励病人咳嗽排痰、体位引流排痰或用导管排痰；要注意加强护理。

### 6. 休克

早期发现，及时进行监护，密切观察生命指标，如血压、脉搏、呼吸、尿量很重要；必要时应测定中心静脉压（CVP）、肺毛细血管楔压（PWP）。患者宜平卧、保暖、止痛吸氧、保持呼吸道通畅；适当补液，补足血容量。血容量补足后血压仍不回升时，可给血管活性药物以提高组织血液灌注；应根据休克类型和休克的不同阶段选择恰当的血管活性物质。去甲肾上腺素、间羟胺可收缩血管；多巴胺、异丙肾上腺素、酚妥拉明、山莨菪碱等可扩张血管。重度休克可用糖皮质激素。用抗生素控制感染，并注意纠正酸中毒。

### 7. 心肌损害

停止接触作用于心脏的毒物和药物，卧床休息。适当应用营养心肌的药物，如三磷酸腺苷、辅酶 A、细胞色素 C、肌苷等。酌情使用糖皮质激素。心力衰竭时慎用洋地黄；心律不齐时慎用抗心律失常药物。

### 8. 心律不齐

房性早搏可选用地高辛、心得安、异搏定、乙胺碘呋酮。室性早搏可选用慢心律、乙胺碘呋酮、奎尼丁。窦性阵发性心动过速可采用刺激迷走神经方法，可选用甲氧胺、西地兰、异搏定、乙胺碘呋酮。室性阵发性心动过速首选药是利多卡因，无效时可用慢心律或乙胺碘呋酮。心房颤动首选药是西地兰，用以减慢心室率；也可用奎尼丁。

### 9. 心跳骤停

心跳突然停止，可立即用掌根在心前区胸骨下端拍击 2~3 次，可能使心跳恢复。如患者心跳、呼吸完全停止，立即进行心脏胸外按摩和有效的人工呼吸，以迅速将氧合血液供给脑，使脑得到保护。

### 10. 急性肾功能衰竭

积极治疗原发病。如有休克、出血、严重创伤应补充血容量；血管内溶血可给予碳酸氢钠使尿呈碱性；金属中毒给予解毒剂。血容量补足后尿量仍少时，用血管舒张剂如罂粟碱、渗透性利尿剂，以增加肾血流量，防止肾小管急性坏死。病情严重者可用透析疗法。

### 11. 酸中毒

呼吸性酸中毒的主要治疗措施是积极改善呼吸功能，如改善通气、吸氧、抗感染、促进排痰，必要时用呼吸中枢兴奋剂和人工呼吸器。

代谢性酸中毒可用碱性药如碳酸氢钠、乳酸钠、THAM 纠正。

12. 低钾血症和高钾血症

（1）低钾血症：禁食、严重呕吐、利尿、使用糖皮质激素、急性肾功衰竭多尿期、钡中毒等可使血钾降低。可通过口服或静脉滴注氯化钾补充钾。

（2）高钾血症：急性肾功衰竭少尿期及细胞大量破裂如大量溶血、大面积烧伤、挤压综合征、严重酸中毒等使钾离子由细胞内释放到细胞外液均可造成低钾血症。当出现心律不齐时，可静脉注射葡萄糖酸钙；也可用乳酸钠或碳酸氢钠、葡萄糖和胰岛素使钾离子移到细胞内。血钾超过 6mEq/l 应考虑透析疗法。

13. 高热

五氯酚等中毒出现高热，情况类似中暑。高热患者的降温措施包括：冷水擦头和躯干，扇风促进蒸发。体温超过 40 ℃时，用冷水敷擦、电扇吹风或冷水浸浴。在用冷水过程中易发生寒战，可用氯丙嗪。体温降至 38 ℃左右可停止浸浴，以防体温过度降低。

# 第三节　危险化学品事故致伤的现场急救

危险化学品事故除了造成现场人员的急性中毒外，还可能对现场人员产生其他方面的损伤，如爆炸冲击、热力烧伤、化学性灼伤和低温冻伤等，对这些危险化学品致伤的早期急救处理不但可以减轻伤员的痛苦，而且可以减轻创面的继发性损伤。

## 一、外伤的现场急救

危险化学品爆炸所产生的冲击波可致人员冲击伤，引起内脏破裂、肺爆震伤、肢体骨折等。在现场，因条件所限，主要对外伤（如骨折、出血等）进行急救处理。

1. 封闭伤口

对骨折伴有伤口的人员，应立即封闭伤口。

用清洁、干净的布片、衣物覆盖伤口，再用布带包扎，包扎时，不宜过紧，也不宜过松，过紧时会导致伤肢的缺血坏死。过松时起不到包扎作用，同时也起不到压迫止血的作用。

骨折端外露，注意不要将骨折端放回原处，应继续保持外露，以免引起深部感染。如将骨折端放回原处，应给予注明，并向医生交代清楚。

2. 止血

现场止血方法主要有以下几种。

（1）加压包扎止血。将敷料或棉垫覆盖伤口，再用绷带缠绕加压包扎。

（2）指压止血。此方法是现场最简便的止血方法，以手指压迫伤口附近体表动脉的近心侧，头皮出血指压同侧颞浅动脉，面部出血压迫下颌角的面动脉搏动处。此外，桡动脉、足背动脉都可作为指压止血的点位。本法可为其他止血方法赢得准备时间。

（3）止血带止血。此法只适用于四肢动脉出血，仅仅在加压包扎不能有效止血时使用。方法是将止血带扎在伤口的近心端靠近伤口处。扎止血带处先垫敷料或棉垫，绑扎力量要适度，以恰好达到远端动脉搏动消失，控制出血为度。压力过大，将加重远端组织缺血坏死和神经损伤；压力过小只会压住静脉而压不住动脉，反而加重出血。止血带应每隔 1 h 放松 1~2 min。上好止血带后，必须在其周围标明具体上带时间，总时长不得超过 3 h。

3. 临时固定

（1）伤肢位置：尽可能保持伤肢于伤后位置，不要任意牵拉或搬运伤员。

（2）固定器材：最好用夹板固定，如无夹板可就地取材。在山区可用木棍、树枝；在工厂可用纸板或机器的杆柄；再者，也可利用自身固定，如上肢可固定在躯体上，下肢可利用对侧固定，手指可与邻指固定。

常见不同部位骨折的临时固定方法：

①躯干部骨折：伤员应平卧于硬板上，最好仰卧位，两侧放沙垫等物防止滚动；

②肩部骨折：可将上臂固定于胸侧，前臂用颈腕带悬吊；

③上臂骨折：上臂骨折可用前后夹板固定，屈肘悬吊前臂于胸前。如无夹板，也可屈肘将上臂固定与胸部；

④前臂及腕部骨折：前臂及腕部背侧放一夹板。用绷带或布带缠绕固定，并屈肘、悬吊前臂于胸前；

⑤髋部及大腿骨折：夹板放在伤肢外侧上，自下至上，用绷带缠绕固定；

也可用两侧并拢中间放衬垫，用布带捆扎固定；

⑥小腿骨折：内外侧放夹板，上端超过膝关节，下端到足跟。再缠绕固定。

4. 搬运

（1）单纯的颜面骨折、上肢骨折，做好临时固定后搀扶伤员即可。

（2）膝关节以下的下肢骨折，可背运伤员。

（3）颈椎骨折（三人）：一人双手托住枕部、下颌部，维持颈部伤后位置，另两人分别托起腰背部、臀部及下肢。

（4）胸腰椎骨折（四人）：一人托住头颈部，另两人分别于同侧托住胸腰段及臀部，另一人托住双下肢，维持脊柱伤后位置。

（5）髋部及大腿骨折（两人）：一人双手托住腰及臀部，伤员用双臂抱住救护者的肩背部，另一人双手托住伤员的双下肢。

5. 注意事项

（1）伤员在送往医院途中，如有生命危险，应先紧急抢救。

（2）伤员在车上宜平卧，一般情况下，禁用头低位，以免加重脑出血、脑水肿；如遇昏迷伤员，应将其头偏向一侧，以免呕吐物吸入气管，发生窒息。

（3）头部应与车辆行进的方向相反，以免晕厥，加重病情。

## 二、热力烧伤的现场急救

热力烧伤是指由于热力如火焰、热油、热金属（液态和固态）、蒸汽和高温气体等所致的人体组织或器官的损伤。轻者损伤皮肤，出现肿胀、水泡、疼痛，重者皮肤烧焦，甚至血管、神经、肌腱同时受损，呼吸道也可烧伤。

烧伤现场急救的原则是先除去伤因，脱离现场，保护创面，维持呼吸道通畅，再组织转送医院治疗。其现场急救的具体措施如下。

1. 迅速脱离致伤源

（1）迅速离开密闭或通风不良的现场，以免发生吸入性损伤和窒息。

（2）尽快脱去着火或沸液浸渍的衣服，特别是化纤面料的衣服。以免着火衣服或衣服上的热液继续作用，使创面加大加深。

（3）迅速卧倒，慢慢在地上滚动，压灭火焰。禁止伤员衣服着火时站立或奔跑呼叫，以防止增加头面部烧伤或吸入性损害。

（4）用水将火浇灭，或跳入附近水池、河沟内。

（5）用身边不易燃的材料，如毯子、雨衣（非塑料或油布）、大衣、棉被等，最好是阻燃材料，迅速覆盖着火处，使与空气隔绝。

（6）凝固汽油弹爆炸、油点下落时，应迅速隐蔽或利用衣物等将身体遮盖，尤其是裸露部位；待油点落尽后，将着火衣服迅速解脱、抛弃，并迅速离开现场，不可用手扑打火焰，以免手烧伤。

2. 冷疗

热力烧伤后及时冷疗能防止热力继续作用于创面使其加深，并可减轻疼痛、减少渗出和水肿，因此如有条件，热力烧伤灭火应尽早进行冷疗，越早效果越好。方法是将烧伤创面在自来水龙头下淋洗或浸入冷水中（水温以烧伤者能耐受为准，一般为 15~20 ℃，热天可在水中加冰块），或用冷（冰）水浸湿的毛巾、沙垫等敷于创面。治疗的时间无明确限制，一般掌握到冷疗停止后不再有剧痛为止，多需 0.5~1 h。冷疗一般适用于中小面积烧伤，特别是四肢的烧伤。对于大面积烧伤，冷疗并非完全禁忌，但由于大面积烧伤采用冷水浸浴，烧伤者多不能耐受，特别是寒冷季节。

3. 创面处理

灭火后，即应开始注意防止创面污染。除很小面积的浅度烧伤外，创面不要使用涂有颜色的药物或油性敷料，以免影响进一步创面深度估计与处理。清创后可用消毒敷料、烧伤制式敷料或其他急救包三角巾等进行包扎，或用身边材料如清洁的被单、衣服等加以简单保护，以免再污染。同时也使创面在搬运过程中得到保护，防止再损伤。急救包扎时，已肯定灭火的衣服可不脱掉，可减少污染。

4. 后续治疗

（1）镇静止痛。烧伤后，伤员有不同程度的疼痛和烦躁，应予以镇静止痛。对轻度烧伤者，可口服止痛片或肌肉注射杜冷丁。而对大面积烧伤，由于外周循环较差和组织水肿，肌肉注射往往不易吸收，可将杜冷丁稀释后由静脉缓慢推注，一般与非那根合用。但对年老体弱、婴幼儿、合并吸入性损伤或颅脑损伤者应慎用或尽量不用杜冷丁或吗啡，以免抑制呼吸，可改用鲁米那或非那根。切忌大量长期应用镇痛镇静药物，以免引起呼吸抑制。

（2）补液治疗。由于急救现场不具备输液条件，烧伤者一般可口服适当烧伤饮料（每片含氯化钠0.3 g，碳酸氢钠0.15 g，苯巴比妥0.03 g，糖适量。每服一片，服开水100 mL），或含盐的饮料，如加盐的热茶、米汤、豆浆等。但不宜单纯大量喝开水，以免发生水中毒。临床上，也发现浅Ⅱ度烧伤面积的青壮年经早期口服补液，大都可不发生休克。然而对严重烧伤，浅Ⅱ度烧伤面积超过1%的小儿或老年，已有休克征象或胃肠道功能紊乱（腹胀、呕吐等）的烧伤人员，如条件允许，应进行静脉补液（如渗盐水、5%葡萄糖盐水、平衡盐溶液、右旋糖酐和/或血浆等）。

（3）应用抗生素。为了防止创面的感染，可根据伤情选择合适的抗生素。对大面积烧伤者应尽早口服或（肌）注射广谱抗生素。

### 三、化学烧伤的现场急救

化学烧伤指常温或高温的化学品直接对皮肤刺激、腐蚀及化学反应热引起的急性皮肤、黏膜的损害，常伴有眼灼伤和呼吸道损伤。某些化学品还可经过皮肤黏膜吸收引起中毒，故化学烧伤不同于一般的热力烧伤和开水烫伤，其损害程度与化学物质的种类、性质、剂量、浓度、皮肤接触时间及面积、处理是否及时、准确及有效等因素有关。

化学烧伤的现场处理原则与一般的热力烧伤相同，除应迅速脱离致伤环境，终止化学物质对机体的继续损害外，还应立即用大量流动清水冲洗创面，再以药物中和。有吸收中毒的化学物质烧伤时，应立即采取有效解毒措施，防止中毒。具体处理措施如下。

（1）迅速脱离现场，以阻断致伤化学品的继续侵害。

（2）立即脱去已被化学品污染的衣物，特别是化纤面料的衣服，避免因衣服上的化学品继续作用使创面加大加深。当衣物因化学品浸透而不便脱卸时，应当机立断将衣物剪开除去。

（3）用大量流动清水冲洗创面：

①冲洗液。化学烧伤的严重程度除化学物质的性质和浓度外，多与接触时间有关。因此无论何种化学物质烧伤，均应立即用大量清洁水冲洗至少20分钟以上，一方面可冲淡和清除残留的化学物质，另一方面作为冷疗的一种方式，可减轻疼痛。注意开始用水量即应足够大，迅速将残余化学物质从创面冲

尽。需要注意的是，溶解时产热的化学品（如生石灰等），在冲洗前应用干布将化学品除去，以免遇水后产热，加深创面损害。如果用中和液进行冲洗，由于中和液在中和过程中往往产热，可加重局部创面损害，另外现场多无使用浓度的酸碱，匆忙之间使用，易在酸灼伤的创面上附加碱灼伤或在原有碱灼伤的创面上附加酸灼伤。故用中和方法对酸碱灼伤进行急救，实际上不现实，不如单纯用流动清水冲洗效果好。可在清水冲洗完毕后再用中和剂湿敷。

②冲洗的水温。通常给予冷水。冷水有助于降温，控制局部病理生理过程，减轻局部损害，减轻水肿和疼痛。水温一般以 15 ℃ 以下为宜。同时应结合季节、室温、烧伤面结、人体体质等综合考虑。总之，水温以不刺激皮肤为宜。

③冲洗时间。冲洗时间越早越好。在病情允许的条件下，通常冲洗 20~30 min。也可用 pH 试纸测试创面，待试纸 pH 为中性时即可停止冲洗。

（4）头、面部烧伤时，应首先注意眼睛、耳、口腔的清洗。特别是眼睛，应首先冲洗，动作要轻柔，并检查角膜有无损伤，并优先予以冲洗。如有条件，可用生理盐水冲洗。冲洗时间一般在 15 min 以上。

（5）防止中毒。有些化学品可引起全身中毒，应严密观察病情变化，一旦诊断有化学中毒可能时，应根据致伤因素的性质和病理损害的特点，选用相应的解毒剂或对抗剂治疗。

**四、低温冻伤的现场急救**

某些危险化学品能造成人员的低温冻伤，如液化石油气、液氨等泄漏后由于气化而吸收周围空气中的热量等，若现场救援人员防护措施不当，极易造成低温冻伤。救治低温冻伤要早期迅速复温，恢复正常的血流量，最大限度地保存有存活能力的组织并恢复功能。具体处理措施如下。

（1）首先必须脱离寒冷环境，进入温暖的室内，除去潮湿和冻结的衣物。不要强行卸脱，可用 40 ℃ 温水融化后脱下或剪开。

（2）体外被动复温。面部进行湿敷，受冻肢体及全身浸泡于 38~43 ℃ 热水中，注意保持水温。浸泡 20~30 min，至肢端转红润、皮温达 36 ℃ 左右为度，浸泡过久会增加组织代谢，反而不利于恢复。严禁火烤、冷水浸泡或猛力拍打受冻部位。

（3）擦干解冻的皮肤并保持其温暖。一旦解冻的皮肤变软并且感觉功能恢复，应用清洁的干布盖住皮肤，指（趾）间垫上干净的布。用干布将冻伤处包裹起来，并保持其温暖。

（4）呼吸心搏骤停者，立即行心肺复苏。

（5）防止休克，经口或注射止痛药物。

（6）预防感染，肌肉注射抗感染药物。

（7）低温人员应做好全身和局部保暖，送往医院治疗。

# 第五章　危险化学品环境污染的
# 应　急　处　置

## 第一节　危险化学品环境污染事故概述

　　危险化学品环境污染事故是指由于人为原因或不可抗拒的自然因素使危险化学品在生产、经营、储存、运输、使用和处置等过程因泄漏、火灾、爆炸等事故而进入环境，打破环境原有平衡，破坏环境自身调节、修复功能，造成环境生态功能下降甚至丧失，进而威胁环境中包括人类在内的各物种的正常生存。

### 一、危险化学品环境污染事故的特征

　　危险化学品环境污染事故具有以下特征。

　　1. 形式多样性

　　危险化学品环境污染事故所包含的污染因素比较多，其表现形式也是多样化的。在生产、经营、储存、运输、使用和处置等过程中，如果操作不慎都有可能引发环境污染事故。

　　2. 发生突然性

　　一般的环境污染是一种常量的排污，有其固定的排污方式和排污途径，并在一定时间内有规律地排放污染物质。而危险化学品引起的环境污染事故则不同，没有固定的排污方式，往往突然发生、始料未及、来势凶猛，有着很大的偶然性和瞬时性。

　　3. 危害严重性

　　一般的环境污染多产生于生产过程之中，短时间内排污量少，其危害性相对较小，一般不会对人们的正常生活和生产秩序造成严重影响。而危险化学品

引发的环境污染事故则是瞬时内一次性大量排放有毒、有害物质。如果事先没有采取预防措施，在很短时间内往往难以控制，其破坏性强，污染损害严重。不仅会打乱一定区域内人群的正常生活、生产秩序，还会造成人员伤亡、财产损失和环境生态的严重破坏。

4. 处置艰巨性

危险化学品引发的环境污染事故涉及的污染因素较多，一次排放量也较大，发生又比较突然，危害强度大，而处理这类事故又必须快速及时，措施得当有效。因此，对突发性污染事故的处理比之一般的环境污染事故的处理，更为艰巨与复杂，难度更大。

**二、危险化学品环境污染事故的后果**

危险化学品环境污染事故会造成社会不稳定、生态环境严重破坏以及经济与财产损失等后果。

1. 社会不安定因素

危险化学品造成的环境污染事故是影响社会安定的一个重要因素，其影响主要表现在以下几方面。

（1）环境污染事故发生后，有可能会造成严重的人员伤亡，会给污染区以及污染区附近的居民造成心理影响与心理压力，影响人们的正常生活和生产秩序。

（2）事故造成的经济损失与人员伤亡可能引起纠纷，造成某种混乱，危害社会治安。

（3）某些污染会引发国际间的污染纠纷。如 2005 年吉化双苯厂发生的爆炸事故，100 多吨苯系物随消防污水流入松花江，不久在江面形成一条长 80 km 的污染带，不仅给当地居民造成生活、生产用水困难，还影响了邻国俄罗斯，造成了恶劣的国际影响。

2. 生态破坏严重

危险化学品爆炸燃烧过程中，不但会产生大量的辐射热，改变周围的大气环境，同时燃烧容易产生大量的有毒、有害气体和粉尘，常见的有一氧化碳、一氧化氮、二氧化硫、氰化氢等。这些危险化学品及其燃烧时产生的有毒、有害气体一旦污染了大气、水和土壤，会给人类带来巨大的灾难。"世界十大环境污染事件"给人类留下了极为惨痛的教训。

此外，一旦发生危险化学品环境污染事故，有毒的化学品往往会造成该区域内生物数量的减少，甚至物种的灭绝，这不仅会造成严重的生态环境破坏，甚至会引起该区域内的生态失衡，致使该区域内的生态环境难以得到恢复。如1986 年瑞士巴塞尔市一个化工厂仓库失火，约 30 t 剧毒的硫化物、磷化物与含有水银的化工产品随灭火剂和水流流入莱茵河，顺流而下 150 km 内，造成60 多万条鱼被毒死，500 km 以内河岸两侧的井水不能饮用，靠近河边的自来水厂关停。有毒物沉积在河底，使莱茵河因此而"死亡"20 年。

3. 经济损失

危险化学品引起的环境污染事故所造成的经济与财产损失是非常巨大的。有资料表明，1996—2006 年 10 年间，我国共发生危险化学品引发的环境污染事故多达数十万起，造成的经济损失高达万亿元。此外，由危险化学品引发的环境污染事故，不仅直接经济损失巨大，而且就污染后的长期整治和恢复而言，仍需要花费巨大的投资，其间接经济损失也是非常严重的。

## 第二节　危险化学品环境污染的应急监测

危险化学品环境污染的应急监测是指环境监测人员在事故现场，用小型、便携、简易、快速检测仪器或装置，迅速对污染物种类、浓度等监测指标做出科学、准确的判断。

### 一、应急监测的基本原则

应急监测的内容包括对污染物种类、浓度、污染范围进行监测。基本原则是现场应急监测与实验室分析相结合、监测技术先进性和现实可行性相结合、定性与定量相结合、快速与准确相结合，环境要素监测的优先顺序为空气、地表水、地下水、土壤。

### 二、应急监测的采样布点

采样点位的选择对于准确判断污染物的浓度分布、污染范围与程度等极为重要。危险化学品环境污染事故主要有以下 4 种类型：

①已知污染源及污染物，调查受污染的范围与程度；

②已知污染源，未知污染物，调查污染物的种类、受污染的范围及其可能造成的危害；

③已知污染物，未知污染源，调查污染来源和污染范围；

④未知污染源和污染物，调查污染来源、种类、范围及可能造成的危害。

对于第①种情况，可直接测定该污染源或排放口所排污染物在空气、水环境中的浓度，工作最为简单；对于第②种情况，可以从了解原材料入手，列出可能产生的污染物，进行监测分析；对于第③、第④种情况，最快捷的方法就是根据受污染的空气、河流的地理环境和周围、沿岸的社会环境以及当地工矿企业的布局，全面布设点位进行排查和监测。

1. 环境空气污染事故

应尽可能在事故发生地就近采样（往往污染物浓度最大，该值对于采用模型预测污染范围和变化趋势极为有用），并以事故地点为中心，根据事故发生地的地理特点、盛行风向及其他自然条件，在事故发生地下风向（污染物漂移云团经过的路径）影响区域、掩体或低洼地等位置，按一定间隔的圆形布点采样，并根据污染物的特性在不同高度采样，同时在事故点的上风向适当位置布设对照点。在距事故发生地最近的居民住宅区或其他敏感区域应布点采样。采样过程中应注意风向的变化，及时调整采样点位置。

对于应急监测用的采样器，应定期予以校正（流量计、温度计、气压表），以免情况紧急时没有时间进行校正。

利用检气管快速监测污染物的种类和浓度范围，现场确定采样流量和采样时间。采样时，应同时记录气温、气压、风向和风速，采样总体积应换算为标准状态下的体积。

2. 地表水环境污染事故

监测点位应以事故发生地为主，根据水流方向、扩散速度（或流速）和现场具体情况（如地形地貌等）进行布点采样，同时应测定流量。采样器具应洁净并应避免交叉污染，现场可采集平行双样，一份供现场快速测定，另一份加入保护剂，尽快送至实验室进行分析。若需要，可同时用专用采泥器（深水处）或塑料铲（浅水处）采集事故发生地的沉积物样品（密封入塑料广口瓶中）。

对江、河的监测应在事故发生地、事故发生地的下游布设若干点位，同时在事故发生地的上游一定距离布设对照断面（点）。如江、河水流的流速很小或基本静止，可根据污染物的特性在不同水层采样；在事故影响区域内饮用水和农田灌区取水口必须设置采样断面（点）。根据污染物的特性，必要时，对水体应同时布设沉积物采样断面（点）。当采样断面水宽≤10 m时，在主流中心采样，当断面水宽>10 m时，在左、中、右三点采样后混合。

对湖（库）的监测应在事故发生地、以事故发生地为中心的水流方向的出水口处，按一定间隔的扇形或圆形布点，并根据污染物的特性在不同水层采样，多点样品可混合成一个样。同时根据水流流向，在其上游适当距离布设对照断面（点）；必要时，在湖（库）山水口和饮用水取水口处设置采样断面（点）。

在沿海和海上布设监测点位时，应考虑海域位置的特点、地形、水文条件和盛行风向及其他自然条件。多点采样后可混合成一个样。

3. 地下水环境污染事故

应以事故发生地为中心，根据本地区地下水流向采用网格法或辐射法在周围2km内布设监测井采样，同时根据地下水主要补给来源，在垂直于地下水流的上方向，设置对照监测井采样；在以地下水为饮用水源的取水处必须设置采样点。

采样应避开井壁，采样瓶以均匀的速度沉入水底，使整个垂直断面的各层水样进入采样瓶。

若用泵或直接从取水管采集水样时，应先排尽管内的积水后采集水样，同时要在事故发生地的上游采集一个对照样品。

4. 土壤污染事故

应以事故地点为中心，在事故发生地及其周围一定距离内的区域按一定间隔圆形布点采样，并根据污染物的特性在不同深度采样，同时采集未受污染区域的样品作为对照样品。必要时，还应采集在事故地附近的农作物样品。

在相对开阔的污染区域采取垂直深10 cm的表层土。一般在10 m×10 m范围内，采用梅花形布点方法或根据地形采用蛇形布点方法(采样点不少于5个)。

将多点采集的土壤样品除去石块、草根等杂物，现场混合后取1～2 kg样品装在塑料袋内密封。

对于固定污染源和流动污染源的监测布点，应根据现场的具体情况，在产生污染物的相应部位或容器内分别布设采样点。

### 三、应急监测的技术方法

（1）对于环境空气污染事故，优先考虑采用气体检测管法、便携式气体检测仪、便携式气相色谱法、便携式红外光谱法和便携式气相色谱–质谱联用仪器法等。同时，还可从现有的环境空气自动监测站和污染源排气在线连续自动监测系统获得相关监测信息。

（2）对于地表水、地下水、海水和土壤环境污染事故，优先考虑选用检测试纸法、水质检测管法、化学比色法、便携式分光光度计法、便携式综合水质检测仪器法、便携式电化学检测仪器法、便携式气相色谱法、便携式红外光谱法和便携式气相色谱–质谱联用仪器法等。同时，还可从现有的地表水水质自动监测站和污染源排水在线连续自动监测系统获得相关监测信息。

（3）对于无机污染物，优先考虑选用检测试纸法、气体或水质检测管法、便携式气体检测仪、化学比色法、便携式分光光度计法、便携式综合检测仪器法、便携式离子选择电极法及便携式离子色谱法等。

（4）对于有机污染物，优先考虑选用气体或水质检测管法、便携式气相色谱法、便携式红外光谱仪法、便携式质谱仪和便携式色谱–质谱联用仪法等。

（5）对于现场不能分析的污染物，快速采集样品，尽快送至实验室采用国家标准方法、统一方法或推荐方法进行分析。必要时，可采用生物监测方法对样品的毒性进行综合测试。

通过及时的应急监测，可以准确判断污染物的浓度分布、污染范围与程度以及未知污染源的来源、种类等。

## 第三节　危险化学品环境污染控制与消除

污染控制消除是指在应急监测已对污染物种类、污染物浓度、污染范围及其危害做出判断的基础上，为尽快消除污染物、限制污染范围扩大、减轻和消除污染危害所采取的措施。

### 一、大气污染控制与消除

大气污染危害严重而且扩散迅速，应急处置难度极大。对于有毒气体引发的大气污染，目前还没有特别好的应急处置方法。根据污染物的特点可采用燃烧法和洗消法进行应急处置。

1. 燃烧法

燃烧法是针对进入到空气中危害性较大，但燃烧后能生成低毒或无毒物质的应急处置方法。典型的物质有硫化氢、苯、液化石油气等，比如硫化氢泄漏到空气中，容易导致人员急性中毒死亡，而若将其即时燃烧，反应生成二氧化硫和水，其危害性能显著降低。2006 年 3 月 25 日凌晨，在 3 年前发生特大井喷发生地的重庆开县高桥镇，又发生一起天然气泄漏事故，事故发生后，救援人员果断将其点燃，没有造成任何人员伤亡，和 3 年前的浩劫相比，处置时通过燃烧法使剧毒物质硫化氢变为毒性较低的二氧化硫和水，体现了燃烧法作为绿色化处置手段的合理性和科学性。

2. 洗消法

洗消法是指对大气环境中的有毒、有害物质进行洗消，降低或消除其对环境的危害性。应急处置中最常用的洗消剂是水，但仅用水可能难以消除危险化学品的危害，此时可在水中加入与污染物相对应的化学解毒药剂，以便更彻底地消除危险化学品对环境的危害性。如在水中加入碱性物质可更充分、更彻底吸收空气中的酸性气体，更好地消除酸性污染物对环境的危害。2004 年 4 月 16 日，重庆天原化工厂氯气爆炸泄漏事故，消防部门在灭火剂中加入碱性物质对受氯气污染的环境进行洗消，经过中和反应后最终生成无毒的废水，大大降低了事故的衍生灾害。

当大气污染事故无法进行有效控制时，应急处置工作的重点应放在保护人民群众生命上。此时如果条件允许，则应迅速组织群众转移到上风向处，若无法实现转移，则应迅速通知群众进入室内并关闭门窗等待救援。同时配备气体监测队伍，及时预测和监视气体云团的扩散情况，监控其行为动态，给人们提示警戒或安排人员疏散。

## 二、水环境污染控制与消除

当危险化学品由于人为因素或是自然因素进入水环境后，很可能会造成水污染事故，此时应当立即采取科学、合理的应急措施，减轻危险化学品对水环境的危害。

1. 处置原则

如果条件允许，首先，构筑坝体、隔栅等简易的水事工程，将受污染水体拦截、阻断，避免污染的进一步扩散；其次，利用人工打捞回收、物理吸附或化学法对污染物进行控制、消除，必要时，可将受污染的水体转移到安全地方再进行无害化处置；再次，应当注意对受污染水体底质的检测，若发现底质受到污染，应当将受污染的底质彻底打捞、清除，并转移至安全地方再进行无害化处理；最后，应根据事故发生后处置的具体情况采用生物、超微细气泡等修复技术对受损水环境进行修复，使其尽快恢复自身的调节、平衡功能。

水环境污染事故应急处置工作不能照本宣科，一成不变，要根据事故现场的具体条件采取科学、合理、务实的措施，否则会给应急处置工作带来更大的困难。

2. 处置方法

（1）围堵法。围堵法是指用人工手段对受到危险化学品污染的水体实施围堵，以控制危险化学品污染的面积和范围，污染的面积和范围越小，处置的难度越低，越容易控制事故的发展蔓延。针对泄漏到水体的危险化学品，常用的措施有人工围堰堵截、筑坝截流等形式，目的是减小污染范围和面积。若危险化学品已流到江河里，密度又比水小，且和水不互溶，则可在水流下方设置围栏、堤坝堵截有毒有害物质的流动；若水流不是特别大，也可通过筑坝截流对被污染的水体进行控制，再进行处理。

（2）吸附法。吸附法主要利用吸附能力较强的物质（如活性炭、干沙土、秸秆、棉被、高分子吸附材料等）吸附泄漏到水环境中的有毒物质。当发生大流域（如比较大的江河、湖泊）的水污染事故而无法利用围堵法控制污染水域时，可向受污染水体抛洒吸附剂，经充分吸收污染物后，利用人工法打捞回收吸附剂，从而达到去除水中污染物的目的。如吉化双苯厂爆炸燃烧事故发生后，大量硝基苯流入松花江，由于松花江流量太大，无法实施人工筑坝围堵污染水体，因此为处理松花江被污染问题，哈尔滨市用了1400多吨粉末及颗粒活性炭，在取水口处吸附松花江中的硝基苯污染物。

（3）回收法。回收法是针对进入到水环境中的液态、固态危险化学品而言的。若污染物数量较大，同时又具备回收的条件（如污染物不溶于水或是外包装未受损），处置时可用人工法先行回收大部分的污染物，再采取其他方法对未能回收的部分进行处理，消除其毒害性，减小或消除对环境的污染。回收法不但可以提高处置的效率，还可以最大限度地降低对环境的损害。

（4）化学法。化学法是针对具有酸性、碱性或氧化、还原特性的危险化学品污染水体后，抛洒相应的解毒药剂，使其与污染物发生酸碱中和反应或氧化还原反应，让水体恢复到污染前的平衡状态，以达到消除污染的目的。常用的化学药剂有：

①酸性药剂：盐酸、硫酸等；

②碱性药剂：氢氧化钠、碳酸钠、生石灰等；

③氧化剂：次氯酸钠、漂白粉等；

④还原剂：亚硫酸钠、草酸钠等。

（5）燃烧法。燃烧法是指由人工点燃水体中的危险化学品，通过燃烧降低其对水环境的危害。当污染水环境中的危险化学品受事故现场具体环境的限制，无法用上述几种方法进行消除，而危险化学品本身具有可燃性，且燃烧后的产物对水环境无害或是危害不大，那么此时可考虑燃烧法。燃烧法多用于海面上的大面积原油泄漏。

（6）微生物法。微生物法主要是利用微生物对污染物能较快适应，并通过微生物自身的生长、代谢，使污染物降解和转化成低毒或无毒的物质。与传统的水污染处置方法吸附法、化学法相比，微生物法具有处理效果好、不会产生二次污染、投资及运行费用低、易于管理等优点，但对于突发性的水污染事故实施微生物法应急处置的难度较大。

事实上，发生危险化学品水环境污染事故时，往往需要上述多种应急处置方法交叉结合使用。因此应急救援工作要务实，以保证用水安全为目标，同时应当充分利用水体的自净作用，尽力将灾害造成的损失降至最低。

3. 河道污染应急处置

根据水流状态，河道分为无水河道、小径流河道、中等径流河道、大径流河道、引水渠道。

（1）若危险化学品污染了无水河道，应赶在降雨或蓄洪放水前，立即组织人力依靠人工或机械方法清除河道表层受污染的基质，并运至封闭区域无害化处置。若危险化学品有毒性或腐蚀性，应急处置人员应佩戴合时的防护用具。

（2）若危险化学品污染了小径流河道，立即在污染区上、下游分别构筑简易坝，将污染区彻底隔离，并布设导流管，将上游来水导流避开污染区。根据现场情况对污染区实施就地投放药剂处置，或将污水抽至安全地方处置。同时应当对河道底泥中污染物进行监测，若发现污染物浓度超标，应当一并将被污染的底泥收集，运至安全地方进行无害化处置。

（3）若危险化学品污染了中等径流河道，可在污染水体下游构筑简易坝收缩水流面积，在污水流经处布设过滤、吸附装置，并在坝前抛洒相应的解毒药剂和活性炭颗粒。若污染程度比较严重，可布设多级抢险坝以提高处置效果。

（4）若危险化学品污染了大径流河道，当无法实现构筑坝体对污染水体进行围堵时，应追踪监测受污染水体，并沿污染水体投放相应的药剂以降低污染物毒性或投放活性炭对污染物进行吸附。根据污染水体的运移情况及时关闭下游取水口。同时根据污染源强度和毒性判断对下游水库的影响，必要时下游水库泄洪转移蓄水。

（5）若危险化学品污染了引水渠道，立即关闭污染区上下游水闸，就地投放相应药剂做无害化处置或将污水抽至安全地方做无害化处置。

应该指出的是，大小径流河道的划分除和实际径流量有关外，还和河道的现场处置条件以及应急队伍的处置能力密切相关。应急处置时应综合判断污染事故现场的地理环境、污染物特性等因素，采取科学有效的应急措施。

4. 湖库污染应急处置

对湖库而言，由于承担着集中供水水源地的功能，因此，处置时要考虑将控制污染区和保护敏感区密切结合起来。

（1）河口。河口往往控制着湖库的主要流域范围，是遏制流域内污染物进入湖库的最后一道关口。因此，应像重视防汛物资一样，在河口处设置常备应急处置物资仓库，并提前构筑抢险用的水工建筑物。一旦河道发生突发性水污染事故有危及水库的危险时，能够借用提前构筑的水工建筑物迅速构建应急处置、过滤和吸附装置，为应急处置赢得宝贵时间。

（2）湖库区。应选择湖库区敏感地带，预先储备常用应急抢险物资，在发生突发性水污染事故时，立即关闭周边取水口，用拦污索牵引无纺布将污染区围住，并在污染区投放相应化学药剂和活性炭。应随时监测污染区周边的水质情况，根据污染物的毒性和水库的蓄水情况判别危害程度和应急处置的可行性。无法整体挽救时，应在污染物扩散之前将未污染或污染程度较轻的水放到下游（如大面积油污染时可放底层水，污染物不溶于水并且沉入水底无法打捞时放表层水等）。

5. 水环境污染事故常备应急物资

1）吸附剂

（1）黏土和沙土。黏土是以高岭石为主要矿物成分的天然硅酸铝质材料，常用于吸附不溶于水的油类等污染物。当发生油类水污染事故时，将沙土抛洒到污染物表面，充分吸附污染物后，由人工方法将其打捞、回收，达到消除污染物的目的。这种吸附剂的优点是方便易得、成本低、便于清除。缺点是吸附能力有限、需大量投放。可以与防汛土方结合使用。

（2）炉渣。常用于吸附不溶于水的油类污染物质，也可小剂量吸附污染物残留水溶液。这种吸附剂的特点是比表面积大，吸附效果要好于黏土和沙土，而且方便易得、成本低、便于清除，宜就地取材贮备。

（3）秸秆。常用于吸附不溶于水的油类污染物，特别是漂浮在水体表面的油污。这种吸附剂的特点是方便易得、成本低、便于清除，宜编制成草帘储备。

（4）高分子材料。高分子材料具有可吸附自身体积数十倍、上百倍的液体的特点。分为吸水材料和吸油材料两种。吸油材料常常用于迅速吸附不溶于水的油类污染物，吸水材料可大剂量吸附已污染水体，以便于污染物的清除。常用的高分子材料有海绵、木棉纤维、聚丙烯纤维（无纺布）和凝胶型材料等。

（5）活性炭。又称万能吸附剂。具有比表面积大、吸附能力强的特点。能吸附大部分无机及有机化学污染物，吸附性能稳定可靠，可用作污染水处置排放前的最后一道处理工序。使用时应保证和水体的充分混合以及充足的吸附时间。

2）中和剂

（1）碱性中和剂。碱性中和剂常常用于中和水体中的酸性污染物，或为在碱性条件下易去除的污染物质提供碱性环境（如重金属在碱性条件下形成沉淀）。常用的有生石灰、碳酸钠等。生石灰还具有杀菌的功能。

（2）酸性中和剂。用于中和水体污染中的碱性污染物。常用的有硫酸、盐酸和碳酸氢钠等。

3）氧化还原剂

（1）还原剂。用于消除氧化性物质对水体的污染。常用的还原剂有亚硫酸钠和草酸钠等。

（2）氧化剂。用于消除还原性物质对水体的污染。常用的氧化剂有次氯酸钠、漂白粉等。此外，氧化剂还兼有很强的杀菌消毒作用。

4）絮凝剂

絮凝剂用于絮凝水体中的微小颗粒，加大污染物的沉降速度，促进污染物从水体中分离。常用的絮凝剂有聚合硫酸铝、明矾、三氯化铁等。

6. 常见危险化学品水污染事故的应急处置

1）重金属类

代表物质有金属汞及汞盐、铅盐、镉盐类、铬盐等。其中金属汞为液体，其余物质均为结晶盐类，铬盐和铅盐往往具有鲜亮的颜色。该类物质多数具有较强毒性，在自然环境中不降解，并能随食物链逐渐富集，形成急性或蓄积类水污染事故。

发生重金属水污染事故时，首先考虑隔离污染区，构筑简易坝体阻断污染扩散。若条件允许，可将被污染水抽至安全地方进行处置，也可在污染区投放生石灰或碳酸钠来沉淀金属离子，排干上清液后将底质移除到安全地方用水泥固化后填埋。如果发生汞污染的重大事故，可在受污染的水体中先加入苛性碱，再加入硫化钠或硫化钾，然后将污染水体通入空气进行充分曝气，在气泡的翻动下使水中的硫离子和汞结合成硫化汞，待硫化汞沉淀后清除底质，达到去除水中汞的目的。

2）氰化物

代表物质有氰化钾、氰化钠和氰化氢水溶液。氰化钾、氰化钠为白色结晶粉末，易潮解，易溶于水，用于冶金和电镀行业，常以水溶液罐车运输。氰化氢常温下为液体，易挥发，有苦杏仁味道。该类物质呈现剧毒性，能抑制呼吸酶，对底栖动物、鱼类、两栖动物、哺乳动物等均呈高毒性。

发生氰化物水污染事故时，应急处置人员应佩戴全身防护用具，尽可能隔离污染区，在污染区投放过量的次氯酸钠或漂白粉处置，必要时，应在江河下游一定距离构筑堤坝，控制污染范围扩大，同时严密监控，直到监测达标，一般24小时后药剂可将氰化物完全氧化。

3）氟化物

代表物质有氟化钠、氢氟酸等。氟化钠为白色粉末，无味。氢氟酸为无色有刺激臭味的液体。该类物质易溶于水，高毒性，酸性环境中易挥发氟化氢气体。在自然环境中容易和金属离子形成络合物而降低毒性。

发生氟化物水污染事故时，应急处置人员需佩戴全身防护用具，尽可能隔离污染区。在污染水体中加入过量生石灰沉淀氟离子，并投放明矾加快沉淀速度。沉淀完全后将上清液排放，铲除底质，并转移到安全地方做无害化处置。

4）金属酸酐

代表物质有砒霜（三氧化二砷）和铬酸酐（三氧化铬）。砒霜为无色无味白色粉末，微溶于水。铬酸酐为紫红色斜方晶体，易潮解。两种物质均在水中有一定的溶解度，呈现高毒性，可毒害呼吸系统、神经系统和循环系统，并能在动物体内富集，造成二次中毒。

发生金属酸酐水污染事故时，首先隔离污染区，投放石灰和明矾沉淀，沉淀完全后将上清液转移到安全地方后，再用草酸钠还原污染水体后排放。清除底泥中的沉淀物，用水泥固化后深埋。

5）酸、碱性物质

酸性物质有盐酸、硫酸、硝酸、磷酸等。浓盐酸和硝酸易挥发，浓硫酸密度大于水，溶于水时产生大量热量。酸性物质一般遇土壤和石块有气泡产生，遇铁可产生氢气，易引发爆炸。酸性污染物进入水体后将引起水体酸度急剧上升，严重腐蚀水工建筑物，破坏水生态系统，但在基质中碳酸钙的作用下其酸性和腐蚀能力会逐渐降低。发生此类水污染事故时，应急人员应戴防护手套，处置挥发性酸时应佩戴防毒面具，向污染区投放碱性物质（生石灰、碳酸钠等）中和。

碱性物质有氢氧化钠、氢氧化钾等。氢氧化钠和氢氧化钾为白色颗粒，易潮解，易溶于水，多以溶液状态罐车运输。该类物质呈强碱性且具有腐蚀性，不仅引起水体呈强碱性，破坏水生态系统，同时还可腐蚀水工建筑物。发生此类水污染事故时，应急人员应戴防护手套，在污染区投放酸性物质（如稀盐酸、稀硫酸等）中和处理。

### 7. 水环境修复

水体受到危险化学品污染以后，往往由于化学品本身的毒性，杀死水中正常生存的微生物，造成水质恶化，使水体功能下降甚至丧失，即使将污染物消除后，水体自身的修复功能也往往得不到恢复。此时就需要进行人工干预，使受污染水环境尽快恢复常态。目前国内在这方面的工作主要以生物法修复为主，该方法首先人工培养、驯化耐受性强的微生物，然后利用该种微生物能够在受污染水体中迅速繁殖、生长的特点，不断消化、降解水体中的污染物质，从而达到净化水质，恢复水环境功能的目的。此外，研究人员研制出超微细气泡发生器，该仪器所产生的超微细气泡能够长时间停留在水体中，增加水体的含氧量，可以氧化水体中的有机污染物，也可达到净化水质的目的。

### 三、固体废物污染控制与消除

固体废物按性质可分为放射性固体废物和一般固体废物，因此固体废物污染控制与消除也可从两方面进行阐述。

#### 1. 放射性固体废物污染

放射性固体废物污染，一般采取减容法和固化法进行应急处置。

#### 1）减容法

减容法包括切割处理、压缩减容和焚烧减容 3 种方法。

（1）切割处理。用于减少大件物体的体积或按不同污染程度拆卸设备部件。切割处理要在专门的房间进行，小物件可在防尘柜中切割，对于玻璃器件则需压碎处理。

（2）压缩减容。大量放射性污染物如纸张、塑料、织物、橡胶以及各种小件制品都是可压缩的，可通过压力机压缩减容。压缩减容需在密闭室进行，同时应在负压下操作，以免在压缩过程中产生灰尘飞散。经压缩后的固体废物体积约减至原来的 $1/60 \sim 1/3$。

（3）焚烧减容。焚烧减容应充分考虑固体废物的理化性质、热值及燃烧的稳定性，焚烧前先剔除爆炸成分以及燃烧时产生有毒气体的材料。焚烧减容适于处理可燃物如纸、布、木材、塑料及橡胶等。其优点与压缩减容相比，体积可减至原来的 $1/100 \sim 1/30$，而且焚烧后灰分稳定；缺点是进入焚烧炉前需将固体废物分类，去除不可燃物质，而且燃烧产生烟尘、气溶胶和挥发性物质，需要净化装置和高度处理装置，会增加设备费、运输费和设备维修保养费。

2）固化法

固化法是将减容后的放射性固体废物封闭在固化体中，使其稳定化、无害化的一种方法。其机理是通过放射性固体废物参与某些化学反应而形成某种稳定的固化体，或将放射性固体废物用惰性材料固化、包容，常见的固化法有水泥固化、沥青固化、塑料固化和玻璃固化。

（1）水泥固化。水泥固化可用普通硅酸盐水泥，为了改善固化体性能，多采用矿渣或粉煤灰水泥，也可适量掺入粉煤灰等。放射性固体废物与水泥的比例应根据废物形状而定。固化过程要注意养护，一般需 20~30 d。

（2）沥青固化。沥青固化是把放射性固体废物与沥青混合、加热、蒸发而固化的过程。沥青固化的优点是固化体致密、空隙少、不易渗水，比水泥固化有害物质浸出率低，不受废物的种类和形状影响，处理后立即硬化，不需养护，对大多酸、碱、盐有一定的耐腐蚀性和辐射稳定性。其缺点是沥青导热性差，加热蒸发效率差，当废物中残余水分高时，受热易发泡并产生飞沫，随废气进入大气而污染环境。

（3）塑料固化。塑料固化是以塑料为固化剂，与放射性固体废物按适当配料比混合、固化而形成一定强度和稳定性固化体的过程。塑料固化的优点是使用方便、保证质量，其主要缺点是耐老化性差。

（4）玻璃固化。玻璃固化是以玻璃为固化剂，将其按一定比例与放射性固体废物混合，并在高温下熔融，经退火转化为稳定的玻璃固化体。玻璃固化的优点是玻璃溶解度小、溶出率低、减容系数大。

2. 一般固体废物污染

一般固体废物处置，通常采取焚烧和填埋两种处置方式。

1）焚烧处置

含有苯类的固体废物一般都具有高毒性，有的还有挥发性（如甲苯、乙苯等）。这类物质污染土壤后，污染物通过食物链等形式进入人体，对人体造成危害。通常对于这类污染物，最有效的处置措施就是焚烧。利用专门的焚烧炉，在高温条件下将其彻底销毁。如果土壤受到污染，应当将受污染的土壤一并收集，并作焚烧处理。当利用焚烧炉进行焚烧处置时，应注意以下几点。

（1）焚烧处置前，需对危险废物进行前处理或特殊处理，如固体废物进行破碎预处理，含水量较高的危险废弃物可进行分离、烘干预处理等，以达到进炉焚烧要求，使危险废物在炉内燃烧均匀、完全。

（2）焚烧炉内温度需调节到 1100 ℃以上，烟气停留时间应保证在 2 秒以上，以便使焚烧完全，焚烧率达标。

（3）焚烧设施必须设置前处理系统、尾气净化系统、报警系统和应急处理装置。

（4）危险废物焚烧所产生的残渣、烟气处理过程中产生的飞灰，必须按照危险废物进行安全填埋处置。

2）填埋处置

对没有特殊要求的固体废物，进行填埋处理。

对于固体废物堆积、存放过的地方，应注意对周边环境进行监测，包括土壤、地表水、地下水等。若发现受到污染，应采取相应的措施，如利用微生物对受损环境进行修复处置。

# 第六章　危险化学品事故现场洗消

洗消是危险化学品事故抢险救援工作中一个必不可少的环节。由于事故中涉及的危险化学品具有一定的毒害性，对人员、器材装备和环境均能造成污染，因此，在处置事故后，必须因地制宜地对染毒体进行洗消，使救援工作做到既消除了灾害，又彻底消除了污染。

## 第一节　现场洗消概述

### 一、现场洗消原则

危险化学品事故现场洗消应遵循以下原则。

1. 及时、快速和高效

"及时、快速和高效"是由危险化学品事故的危害特点所决定的。泄漏的危险化学品的量大、毒性强、扩散范围广，任何受到污染的物体都可能造成人员的二次中毒。这从客观上要求现场洗消工作在完成现场侦检、人员疏散和救治、泄漏物控制和处置等工作的同时，必须及时、快速和高效地实施现场染毒体的消毒工作，彻底消除二次中毒的可能性，将危险化学品事故的危害程度降到最低。

2. 因地制宜，积极兼容

重大危险化学品事故现场的洗消任务重，时间性和技术性要求高。除大型企业具备自身洗消处理能力外，小型企业及公共场合发生的危险化学品事故多由当地公安消防部队处置。由于国家和地方政府对消防部队在危险化学品事故处置方面的专项投入有限，很多消防队伍还没有配备完备的洗消器材，消防器材装备也十分有限。因此，公安消防部队在开展洗消工作时，必须立足于现有的消防器材装备，充分发挥现有装备的优势来完成洗消任务。对于重大危险化学品事故的发生，消防部队在组织实施洗消时，必须考虑到社会上现有的各种可用于洗消的器材装备，因地制宜，积极兼容，以满足危险化学品事故应急洗消的需要。

3. 专业洗消与指导群众自消相结合

目前，公安消防部队应急洗消的器材装备和技术水平还十分有限，因此，公安消防部队平时不仅要提高自身的洗消技术业务水平，做到人人能洗，人人会消，同时还要加大宣传力度，提高群众的自消水平和自我保护意识，以满足危险化学品事故现场对应急洗消的需要。

**二、洗消对象**

现场洗消的对象包括事故现场及污染区、染毒人员和染毒器材装备。

1. 事故现场及染毒区

对事故现场及污染区的洗消作业包括对现场地面、道路、建筑物表面的消毒。

对染毒地面，应根据洗消面积的大小，在统一指挥下，集中洗消车辆，将消毒区划分成若干条和块，一次或多次反复作业。应该注意，对危险区域的地面洗消，不宜集中过多的车辆，可采取轮班作业的方法。对建筑物表面或染毒区附近设施表面的洗消，都必须达到消毒标准，因为喷洒一次消毒剂，并不等于一定能彻底消除危害。

2. 染毒人员

对染毒人员进行洗消，一般可用大量清洁的清水或加温后的温水进行；如果泄漏毒物的毒性大，仅使用普通清水无法达到洗消效果时，应使用加入相应消毒剂的水进行洗消。

对皮肤的洗消，可按吸、消、洗的顺序实施。首先用纱布、棉花或纸片等将明显的毒剂液滴轻轻吸掉，然后用细纱布浸渍皮肤消毒液，对染毒部位从外向里进行擦拭，重复消毒 2~3 次。数分钟后，用纱布或毛巾等浸上干净的温水，将皮肤消毒部位擦净。

眼睛和面部的消毒要深呼吸，憋住气，脱掉面具，立即用水冲洗眼睛。冲洗时应闭嘴，防止液体流入嘴内。对面部和面罩，可将皮肤消毒液浸在纱布上，进行擦拭消毒，然后用干净的温水冲洗干净。

伤口感染时，应立即用纱布将伤口内的毒剂液滴吸掉。肢体部位负伤，应在其上端扎上止血带或其他代用品，用皮肤消毒液加数倍水或用大量清水反复冲洗伤口，然后包扎。

人员的洗消需要大量的洁净温水，有条件的可通过洗消装置或喷洗装置对人员进行喷淋冲洗。对人员洗消的场所必须密闭，同时要保障大量的温水供应。染毒人员洗消后经检测合格，方可离开洗消站。否则，染毒人员需要重新洗消、检测，直到检测合格。

对人员实施洗消时，应依照伤员、幼妇、老年、青壮年的顺序安排洗消。参战人员在脱去防护服装之前，必须进行彻底洗消，经检测合格后方可脱去防护服装。

3. 染毒器材装备

由于不同的器材装备使用的材质不同，因此其染毒程度和洗消方法也有差异。对金属、玻璃等坚硬的材料，毒物不易渗入，只需表面洗消即可；对木质、橡胶、皮革等松软的材料，毒物容易渗透，需要多次进行洗消。在洗消时，应根据不同的材料，确定消毒液的用量和消毒次数。

对器材装备的局部，若进行擦拭消毒，应按自上而下，从前至后，自外向里，分段逐面的顺序，先吸去明显毒剂液滴，然后用消毒液擦拭 2~3 次，对人员经常接触的部位及缝隙、沟槽和油垢较多的部位，应用铁丝或细木棍等缠上棉花或布，蘸消毒液擦拭。消毒 10~15 min 后，用清水冲洗干净，并擦干上油保养。

对忌水性的精密仪器，可用药棉蘸取洗消剂反复擦拭，经检测合格，方可离开洗消现场。

对染毒车辆，应使用高压清洗机、高压水枪等射水器材，自上而下实施洗消。特别对车辆的隐蔽部位、轮胎等难以洗涤的部位，要用高压水流彻底消毒。各部位经检测合格，上油保养后，方可驶离现场。

若采用喷洗或高压冲洗的方法对染毒器材实施洗消，洗消顺序一般如下：

（1）集中染毒器材实施洗消液的外部喷淋或高压冲洗。

（2）用洗消液对染毒器材的内部冲洗。

（3）将染毒器材可拆卸的部件拆开，并集中用洗消液喷淋或冲洗。

（4）用洁净水冲洗后，检测合格。

（5）擦拭干净上油保养，离开洗消场。经检测不合格的器材，应重新洗消。

# 第二节　洗　消　方　法

危险化学品事故现场洗消方法，按原理分为物理洗消法和化学洗消法。两种方法各有特点和使用条件的限制，可能顺次进行，也可能同时进行。在选择洗消方法时，应考虑危险化学品的种类、泄漏量、性质以及被污染的对象等因素。

## 一、物理洗消法

物理洗消法是通过将毒物转移或将毒物的浓度稀释至其最高容许浓度以下或防止人体接触来减弱或控制毒物的危害。在处理前后，毒物的化学性质和数量并没有发生变化。因此，物理洗消法多用于临时性解决现场的毒物危害问题。目前常用的方法有吸附、溶洗、通风、机械转移、冲洗等。

需要注意的是，染毒现场经物理洗消法处理后，仍存在毒物再次危害的可能性，如毒物随冲洗的水流流入下水道、河流，或深埋的毒物随雨水渗入地下水源等。

1. 吸附消毒法

吸附消毒法是利用具有较强吸附能力的物质来吸附危险化学品，如吸附垫、活性白土、活性炭等。吸附消毒法的优点是操作简单且方便、适用范围广、吸附剂无刺激性和腐蚀性；其缺点是只适用于液体毒物的局部消毒，消毒效率较低。

2. 溶洗消毒法

溶洗消毒法是指用棉花、纱布等浸以汽油、酒精、煤油等溶剂，将染毒物表面的毒物溶解擦洗掉。此种消毒方法消耗溶剂较多，消毒不彻底，多用于精密仪器和电器设备的消毒。

3. 通风消毒法

通风消毒法适用于局部空间区域或者小范围的消毒，如装置区内、库房内、车间内、下水道内、污水井内等。根据局部空间区域内有毒气体或蒸气的浓度，可采用强制机械通风或自然通风的消毒方法。采用强制机械通风消毒时，局部空间区域内排出的有毒气体或蒸气不得重新进入局部空间区域；排毒通风口应根据有毒气体或蒸气的密度与空气密度的大小，合理确定毒口的方位；若排出的毒物具有燃爆性，通风设备必须防爆。

4. 机械转移消毒法

机械转移消毒法是采用除去或覆盖染毒层的方法，同时可采用将染毒物密封掩埋或密封移走，使事故现场的毒物浓度得到降低的方法。例如，用推土机铲除并移走染毒的土层，用炉渣、水泥粉、沙土等对染毒地面实施覆盖。这种方法虽然不能破坏毒物的毒性，但在危险化学品事故处置现场，至少可在一段时间内隔离和控制住毒物的扩散，使抢险人员的防护水平得以降低。

5. 冲洗消毒法

在采用冲洗消毒法实施消毒时，若在水中加入某些洗涤剂，如肥皂、洗衣粉、洗涤液等，冲洗效果比较好。冲洗消毒法的优点是操作简单、使用经济；其缺点是耗水量大，处理不当会使毒物渗透和扩散，从而扩大染毒区域的范围。

## 二、化学洗消法

化学洗消法是利用洗消剂与毒源或染毒体发生化学反应，生成无毒或毒性很小的产物，它具有消毒彻底，对环境保护较好的特点。然而，要注意洗消剂与毒物的化学反应是否产生新的有毒物质，防止发生次生反应染毒事故。化学洗消实施中需借助器材装备，消耗大量的洗消药剂，成本较高，在实际洗消中一般是化学洗消法与物理洗消法同时采用。化学洗消法主要有中和法、氧化还原法、催化法、燃烧法、络合法等。

1. 中和法

中和法是利用酸碱中和反应生成水的原理，处理现场泄漏的强酸强碱或具有酸碱性毒物的方法。

当强酸（硫酸 $H_2SO_4$、盐酸 $HCl$、硝酸 $HNO_3$）大量泄漏时，可以用 5% ~ 10% 的氢氧化钠、碳酸氢钠、氢氧化钙等作为中和洗消剂。也可用氨水，但氨水本身具有刺激性，用作消毒剂时其浓度不宜超过 10%，以免造成氨的伤害。如果碱性物质（如氨等）发生大量泄漏，可用酸性物质（如醋酸的水溶液、稀硫酸、稀硝酸、稀盐酸等）中和消毒。无论是酸还是碱，使用时必须配制成稀的水溶液使用，以免引起新的酸碱伤害。中和消毒完毕，还要用大量的水进行冲洗。常见危险化学品的中和剂见表6-1。

表6-1　常见危险化学品和中和剂表

| 危险化学品名称 | 中和剂 | 危险化学品名称 | 中和剂 |
|---|---|---|---|
| 氨气 | 水、弱酸性溶液 | 氯甲烷 | 氨水 |
| 氯气 | 消石灰及其水溶液、碳酸钠等碱性溶液、氨或氨水 | 液化石油气 | 大量的水 |
| 一氧化碳 | 碳酸钠等碱性溶液 | 氰化氢 | 碳酸钠等碱性溶液 |
| 氯化氢 | 水、碳酸钠等碱性溶液 | 硫化氢 | 碳酸钠等碱性溶液 |
| 光气 | 碳酸钠、碳酸钙等碱性溶液 | 氟 | 水 |

2. 氧化还原消毒法

氧化还原消毒法是利用氧化还原反应，将毒物变成低毒或无毒的方法。氧化反应是将某些具有低化合价元素的有毒物质氧化成高价态的低毒或无毒物，还原反应是将某些具有高化合价元素的有毒物质还原成低价的低毒或无毒物。

3. 催化消毒法

催化消毒法是利用催化剂的催化作用，使有毒化学物质加速生成无毒物的化学消毒方法。例如毒性较大的含磷农药能与水发生水解反应，生成无毒的水解产物，但反应速度很慢，达不到现场洗消的要求，可使用催化剂如碱，加快水解反应速度。催化消毒法只需少量的催化剂溶入水中即可，是一种经济高效，很有发展前途的化学消毒方法。

4. 燃烧消毒法

燃烧消毒法是将具有可燃性的毒物与空气反应使其失去毒性。因此，在对价值不大的物品消毒时可采用燃烧消毒法。但燃烧消毒法是一种不彻底的消毒方法，燃烧时可能会有部分毒物挥发，造成邻近或下风向的空气污染。因此，使用燃烧消毒法时，应做好前期准备工作，并要求洗消人员应采取严格的防护措施。

5. 络合消毒法

络合消毒法是利用络合剂（硝酸银试剂、含氰化银的活性炭等）与有毒化学物质快速络合，生成无毒的络合物，使原有的毒物失去毒性。对有毒气体如氯化氢、氨、氰根离子可用络合消毒法，使其失去毒性。

# 第三节 常用洗消剂

目前常用的洗消剂主要有：氧化氯化型洗消剂、碱性消除型或水解型洗消剂、溶剂型洗消剂、吸附型洗消剂、乳状液洗消剂等。为了使洗消剂在危险化学品事故处置中能有效地发挥作用，应根据毒物的理化性质、受污染物体的具体情况和器材装备，选择相应的洗消剂。洗消剂的选择应符合以下原则：

（1）洗消速度快。

（2）洗消效果彻底。

（3）洗消剂用量少、价格便宜。

（4）洗消剂本身不会对人员设备起腐蚀伤害作用。

## 一、氧化氯化型洗消剂

氧化氯化型洗消剂是指含有"活泼氯"的无机次氯酸盐和有机氯胺，主要有漂白粉、三合二、一氯胺、二氯胺等，适用于低价有毒而高价无毒的化合物的洗消。

### 1. 漂白粉

漂白粉是白色固体粉末，有氯气味，密度为 $0.6 \sim 0.8 \ g/cm^3$，有效氯为 $28\% \sim 32\%$，稍溶于水，不溶于有机溶剂中。漂白粉是混合物，其中有效成分是次氯酸钙，在反应式中通常用 $Ca(ClO)_2$ 来表示漂白粉。根据不同对象，漂白粉可以粉状、浆状或是悬浊液来使用。漂白粉除有洗消能力外，还有灭菌能力。

由于漂白粉价格比较低，故适用于大面积洗消，洗消剂用量也相对的要大。在危险化学品事故处置中，可以对一些低价有毒、高价无毒的化合物起洗消作用。它们既可配成水的悬浊液使用，也可以粉状形式使用。但用干粉时要注意，它与某些有机物作用猛烈可能引起燃烧。按1:1或1:2体积比调制的漂白粉水浆，可以对混凝土表面、木质以及粗糙金属表面洗消。按1:5调制的悬浊液可以对道路、工厂、仓库地面洗消。

## 2. 三合二

三合二［$3Ca(OCl)_2 \cdot 2Ca(OH)_2$］为白色固体粉末，有氯气味，能溶于水，溶液呈浑浊状，并有杂质沉淀，不溶于有机溶剂，在空气中可吸收空气中水分而潮解，时间长也会失效。

三合二洗消的原理是：三合二溶于水后生成次氯酸，并放出活泼的新生态氧和氯气，新生态氧和氯气能与毒物发生氧化氯化作用。另外，碱性物质氢氧化钙可使某些毒物发生碱催化水解反应，从而达到洗消的目的。三合二与漂白粉不同的是能够制成纯品晶体，有效氯约为 56%，比漂白粉高，因此洗消能力也比漂白粉强。使用方法与漂白粉基本相同。

## 3. 氯胺

一氯胺是白色或淡黄色的固体结晶，稍溶于酒精和水，溶液呈浑浊状，主要用于对低价危险化学品进行洗消。其洗消的原理是：一氯胺在水中能发生缓慢水解生成次氯酸钠和苯磺酰胺，在酸性条件下，次氯酸钠迅速水解，生成的次氯酸和毒物发生氧化氯化作用，从而达到消毒的目的。值得注意的是在有酸存在时，一氯胺的氧化氯化能力增强，但酸性过强，则会使一氯胺分解过快，反而失去消毒能力。

虽然一氯胺的刺激及腐蚀性较小，但是价格较贵，适合于小面积污染处的洗消。通常用 18%～25% 的一氯胺水溶液对染毒人员的皮肤进行消毒，5%～10% 的一氯胺酒精溶液对精密器材进行消毒，0.1%～0.5% 的一氯胺水溶液对眼、耳、鼻、口腔等进行消毒。

二氯胺溶于二氯乙烷、酒精，但不溶于水，难溶于汽油、煤油。用 10% 二氯胺的二氯乙烷溶液，可对金属、木质表面消毒，10～15 min 后，再用氨水、水清洗；用 5% 二氯胺酒精溶液，可对皮肤和服装消毒，10 min 后，再用清水洗。

## 二、碱性消除型或水解型洗消剂

碱性消除型或水解型洗消剂是指洗消剂本身呈碱性或水解后呈碱性的物质，主要有碱醇胺洗消剂、氢氧化钠、碳酸钠（或碳酸氢钠）、氨水等，适用于酸性化合物的洗消。

## 1. 碱醇胺洗消剂

碱醇胺洗消剂是将苛性碱（氢氧化钠或氢氧化钾）溶解于醇中，再加脂肪胺配制成多组分的溶液，该溶液呈碱性，琥珀色，略带氨味。具有代表性的是美国在 20 世纪 60 年代装备的 DS2 洗消剂，随后被许多国家采用，但是由于对环境有污染，本身有一定的毒性，所以逐渐被其他洗消剂所取代。

2. 氢氧化钠

氢氧化钠又叫苛性钠或烧碱，是白色固体，吸水性很强，易潮解，吸收空气中二氧化碳变成碳酸钠，腐蚀性强，易溶于水和乙醇，溶解时放热，溶液呈碱性。其洗消的原理是：与化学物质发生中和反应生成盐和水，从而达到洗消的目的。

通常采用 5%～10% 的氢氧化钠水溶液对硫酸、盐酸、硝酸进行中和洗消。需要注意的是中和反应后，还要用大量的水冲洗，以免碱性的洗消剂过量引起新的伤害。

3. 碳酸钠或碳酸氢钠

碳酸钠俗称苏打或纯碱，碳酸氢钠俗称小苏打，它们都溶于水，不溶于有机溶剂，腐蚀性比氢氧化钠小，可用于对皮肤、服装上染有的各种酸进行中和。一般 2% 的碳酸钠水溶液可对染有沙林类的服装、装具洗消；2% 的碳酸氢钠水溶液可对口、眼、鼻等部位洗消。

4. 氨水

氨水为无色液体，有刺激气味。氨水中的氨气易挥发出来，易溶于水，在水中呈下列平衡：

$$NH_3 + H_2O \rightleftharpoons NH_3 \cdot H_2O \rightleftharpoons NH_4^+ + OH^- \qquad (6-1)$$

市售的氨水浓度在 10%～25% 之间。不同的氨水凝固点也不同，浓度越大，凝固点越低。如 12% 的氨水凝固点为 -17 ℃，25% 的氨水凝固点为 -36 ℃，30% 的氨水凝固点为 -38%。因此，氨水可在冬季使用，也是较好的中和剂。

### 三、溶剂型洗消剂

1. 水

水是洗消中最常用的溶剂，它来源丰富、取用方便、性质稳定。目前常用的洗消剂大部分都用水作溶剂调制洗消液。水除了可作溶剂外，还能直接破坏某些毒物的毒性（用水浸泡、煮沸，使其水解），也可用水来冲洗污染物体。

2. 酒精

酒精学名乙醇，无色液体，有酒香味，易燃烧，可与水任意互溶。酒精能溶解一些洗消剂，可溶解一些有毒有害物质，因此提高了洗消效果。洗消时，可用酒精或酒精水溶液来调制洗消液，也可用酒精直接擦拭洗消灭菌。

3. 煤油和汽油

煤油和汽油是无色或淡黄色液体，不溶于水，也不能溶解无机洗消剂，但能溶解一些有毒有害物质，特别是有机的、黏度高的化合物，用水或水性洗消剂洗消效果很差，而采用煤油或汽油效果较好。煤油或汽油易挥发，易燃烧，保管使用时要注意防火。

**四、吸附型洗消剂**

吸附型洗消剂是利用其较强的吸附能力来吸附危险化学品，从而达到洗消的目的，常用的有活性炭、活性白土等。这些吸附型洗消剂虽然使用简单、操作方便、吸附剂本身无刺激性和腐蚀性，但是消毒效率较低，还存在吸附的毒剂在解吸时二次染毒的问题。

为了提高吸附型洗消剂的反应性能，可将一些反应活性成分（如次氯酸钙）或催化剂通过高科技手段均匀混入吸附型洗消剂中，所吸附的毒剂会被活性成分消毒降解，在一定程度上解决了由于毒剂解吸时的二次污染问题。

**五、乳状液洗消剂**

氧化氯化型洗消剂、碱性消除型或水解型洗消剂、溶剂型洗消剂、吸附型洗消剂在洗消效果上基本能满足应急洗消的要求，但在性能上仍存在对洗消装备腐蚀性强、污染大等问题。为解决这些问题，科研人员利用新材料、新技术和新工艺，不断开发研究新的洗消剂，乳状液洗消剂就是其中的一种。

乳状液洗消剂就是将洗消活性成分制成乳液、微乳液或微乳胶，不仅降低了次氯酸盐类洗消剂的腐蚀性，而且乳状液洗消剂的黏度较单纯的水溶液大，可在洗消表面上滞留较长时间，从而减少了消毒剂用量，大大提高了洗消效率。目前使用的主要是德国以次氯酸钙为活性成分的 C8 乳液消毒剂以及意大利以有机氯胺为活性成分的 BX24 消毒剂。

## 第四节  常见危险化学品的洗消

### 一、氯气的洗消

氯气能部分溶于水，同时可与水作用发生自氧化还原反应而减弱其毒害性。因此，在大量氯气泄漏后，除用通风法驱散现场染毒空气使其浓度降低外，对于较高浓度的氯气云团，可采取喷雾水直接喷射，使其溶于水中。在水中氯气发生的自氧化还原反应如下：

$$Cl_2+H_2O \Longleftrightarrow HCl+HClO \qquad (6-2)$$

$$HCl \longrightarrow H^+ +Cl^- \qquad (6-3)$$

$$HClO \Longleftrightarrow H^- +ClO^- \qquad (6-4)$$

因此，喷雾的水中存在氯气、次氯酸、次氯酸根、氢离子和氯离子。次氯酸和盐酸因浓度不高，可视为无害。但是，氯在水中的自氧化还原反应是可逆的，即水中存在次氯酸和盐酸会阻止氯气的进一步反应，甚至当溶液的酸性增高到一定程度，还会导致从溶液中产生氯气。由此可见，用喷雾水洗消泄漏的氯气必须大量用水。

为了提高用水洗消的效果，可以采取一定的方法把喷雾水中的酸度减低，以促使氯气的进一步溶解。常用的方法是在喷雾水中加入少量的氨（溶液pH＞9.5），即用稀氨水洗消氯气，效果比较好，但是在消毒时，洗消人员应戴防毒面具、穿防护服。

稀氨水既能与盐酸、次氯酸反应，又能直接与氯气反应。这些反应如下：

$$2NH_4OH+2Cl_2 \longrightarrow 2NH_4Cl+2HClO \qquad (6-5)$$

$$2HClO+2NH_4OH \longrightarrow 2NH_4Cl+2H_2O+O_2\uparrow \qquad (6-6)$$

总反应式：

$$4NH_4OH+2Cl_2 \longrightarrow 4NH_4Cl+2H_2O+O_2\uparrow \qquad (6-7)$$

通过上述反应，氯气可完全溶于氨水中，并转化为氯化铵、水和氧气。

### 二、氰化物的洗消

氰化物包括氰化氢（氢氰酸）、氰化钠、氰化钾、氰化锌、氰化铜等。氰化物的洗消可分为两部分，一是对气态的氰化氢的吸收消除，二是对氢氰酸及其盐类在水中的氢氰酸根的消毒。

1. 气态氰化氢的消除法

氰化氢溶于水，可用酸碱中和法和络合吸收法进行消毒。

酸碱中和法是利用氰化氢的弱酸性，可用中强碱进行中和，生成的盐类及其水溶液，经收集再进一步处理。洗消剂可用石灰水、烧碱水溶液、氨水等。

络合吸收法是利用氰根离子易与银和铜金属络合，生成银氰络合物和铜氰络合物，这些络合物是无毒的产物，如氰化氢过滤罐就有利用这种消毒剂原理的。在过滤罐内的吸附剂为氰化银或氰化铜的活性炭，其中活性炭是载体，但当其表面附着的氰化银或氰化铜遇到氰化氢后，能迅速进行络合反应，生成无毒的银氰络合物或铜氰络合物，而起到消毒作用。

2. 水中氰根离子的消除法

水中氰根离子可采用碱性氯化法消除。此法是将含有氰根的水溶液，先调至碱性，再加入三合二消毒剂或通入氯气，利用生成的次氯酸与氰根发生氧化分解反应，而生成无毒或低毒的产物。

### 三、光气的洗消

光气微溶于水，并逐步发生水解，但水解缓慢。根据光气的这种性质，可选用水、碱水（如氨水）、氨气作为消毒剂。其中氨气或氨水消毒剂能与光气发生迅速的反应，生成无毒的产物，反应如下：

$$4NH_3 + COCl_2 \longrightarrow CO(NH_2)_2 + 2NH_4Cl \qquad (6-8)$$

反应的主要产物是脲和氯化铵。因此，可用浓氨水喷成雾状对光气等酰卤化合物消毒。但是在消毒时，洗消人员应戴防毒面具、穿防护服。

# 第七章　危险化学品事故
# 应急救援辅助决策

危险化学品事故发生后，对事故的发生态势进行科学研判，是关系应急救援成败的关键。目前通用的做法是为指挥员配备一个强大的"大脑"，辅助其作出正确决策。这在客观上推动了事故模拟模型与软件的发展，促进了危险化学品辅助决策系统的开发和建设，推动了应急救援队伍体系建设。

## 第一节　危险化学品事故模拟

危险化学品事故模拟采用数值计算技术，通过求解描述事故物理现象的数学模型，对事故进行模拟仿真，可以得到泄漏物质在时间空间上的浓度分布、爆炸冲击波影响范围以及火灾事故的蔓延和辐射热分布，从而为划定事故控制区、警戒区范围以及事故应急处置提供辅助决策。

### 一、危险化学品泄漏扩散模型及模拟系统

危险化学品意外泄漏到大气中形成气云是一个十分复杂的现象，其过程取决于危险化学品的贮存方式、贮存条件（温度、压力）、泄漏方式、危险化学品性质（沸点、密度）及外界气象条件等，危险化学品泄漏后将与空气、蒸汽、液滴及凝结所生成的水滴等结合而形成混合气云。根据混合气云与环境大气密度的差异性，可将其分为3类：①浮性气云即轻气，其密度比空气小，例如氢气；②中性气云即中气，其密度与空气相近，例如一氧化碳；③重质气云即重气，其密度比空气大。重气的形成不仅与释放物质的性质有关，而且与贮存和释放的方式有关。在突发性的危险化学品事故中，重气是最严重的污染源。

　　各国研究机构在近几十年来都对危险化学品泄漏后在大气中的扩散过程进行了现场实验研究、风洞模拟研究和数值模拟研究等。国外研究机构通过大型现场实验研究和风洞模拟研究，获得了一些基础数据并发展了相关的计算模型与软件，采用数值计算技术求解描述事故物理现象的数学模型，对事故进行模拟仿真，可以得到泄漏物质在环境空间中的浓度分布，从而为划定事故控制区和警戒区范围提供基础数据，为事故应急处置辅助决策提供技术支持。

　　国内外研究者根据不同的理论，针对危险化学品泄漏、扩散过程，提出了许多的模型与模拟系统，如 SAFER 模拟系统、AERMOD 模型系统、ADMS 模型、GASMAL 系统、HLY 模型系统等。

　　1. SAFER 模拟系统

　　SAFER 系统是由美国加州 SAFER 系统有限公司开发的实时集成化学事故应急管理软件。实时反应系统是 SAFER 的固定应急响应工具，它与天气和气体传感器数据连接。当发生紧急事故时，启动系统决策对事故进行应对和处理。在应急管理、快速生成结果并记录事故过程中，实时系统易于使用并能快速集中结果。

　　SAFER 系统可以处理多种类型的释放，包括气相、液相、两相流；瞬时、连续、瞬变流；地水平面、抬升释放以及低或高动量射流等。它可以处理复杂地形，在有重要地貌特征的区域，SAFER 的实时系统能够结合实际地势进行模拟。SAFER 系统还可以应用一系列复杂算法处理有毒化学品的罐破裂、管泄漏、泄漏源的物理现象、稠密气体模型和高斯扩散等。当泄漏情况涉及特殊现象时，SAFER 会用特殊算法代替标准方法进行运算。

　　当有毒物质发生泄漏时，传感器探测到气体泄漏，并将测量出的气体浓度传输到实时系统中。实时系统首先按事先设定好的事故类型进行归类，并将这些信息以及当时的气象信息一起输入气体扩散模型。这样用户可以立即得知气云的走向以及何时将到达敏感地区。气体浓度的测量值将被用来进行反算，以便更准确地确定气体的泄漏速率。

　　与此同时，模拟和测量结果都在远程控制室中进行显示，告知应急响应机构及应急响应人员。实时系统的模拟结果将确定受影响区域中何处人群需要进行疏散和逃离，而何处人群需要就地躲避。如果在事故过程中风向等因素发生变化，系统模型也将根据最新的数据进行实时演算，模拟结果会叠加在 GIS 地图上（图7-1）。

图 7-1　SAFER 实时应急响应系统模拟结果
叠加在 GIS 地图上的效果

实时反应系统会根据事故的即时变化更新显示和应急响应计划。在事故发生后，实时系统提供临界安全信息来制定决策，使人员生命和重要资源得到保护。

在实时反应系统中，用于评估和模拟泄漏情况的模块包括：

（1）算法模型：如蒸发与扩散模型、高级反算模型、火灾与爆炸模型。

（2）泄漏源模型：如储罐与管路模型、多组分物质蒸发模型、渗入与逸出模型。

（3）特殊化学品模型：如氟化氢模型、四氯化钛模型。

（4）风场模型：如复杂地形模型、联合气象站模型。

在事故过程中，实时反应系统不断监测和更新大气数据，并利用这些模型，模拟泄漏物质气云的扩散和运动情况，并在用户的操作界面上显示出危险区域的位置。

在最新的 SAFER 实时反应系统中，加入了其拥有专利权的高级反算功能，它是系统中一项十分重要的功能。这种算法依靠在线更新的大气数据和现场测量的泄漏物浓度变化等变量，可以迅速估算出该物质的泄漏速率，使对于泄漏源强度的判断更为准确。这种高级反算功能大大地简化了整个应急响应软件的运作，可以验证和记录气团的运动，提供大量可靠的关于气团的状态图片，对于事故处理和分析都十分有用。

SAFER 系统目前已被各类工业企业所采用，广泛应用于包括化工生产、石油炼制、运输、造纸、制药、矿山在内的多个行业，它还是员工培训、员工演练、事故分析以及校核应急响应计划的良好工具。从 1988 年以来，SAFER系统就应用于美国杜邦化学公司对得克萨斯州的萨宾河的应急响应计划和预案管理中，工作人员可以在 2 分钟内依据初始的模拟评估对事故作出反应。

2. AERMOD 模型系统

20 世纪 90 年代中后期，AERMOD 由美国国家环保局联合美国气象学会组建法规模式改善委员会（AERMIC）开发。AERMIC 的目标是开发一个能完全替代 ISC3 的法规模型，新的法规模型将采用 ISC3 的输入与输出结构、应用最新的扩散理论和计算机技术更新 ISC3 计算机程序、必须保证能够模拟目前ISC3 能模拟的大气过程与排放源。

该系统以扩散统计理论为出发点，假设污染物的浓度分布在一定程度上服从高斯分布。模式系统可用于多种排放源（包括点源、面源和体源）的模拟，也适用于乡村环境和城市环境、平坦地形和复杂地形、地面源和高架源等多种排放扩散情形的模拟和预测。

AERMOD 具有下述特点：

（1）以行星边界层（PBL）湍流结构及理论为基础。按空气湍流结构和尺度概念，湍流扩散由参数化方程给出，稳定度用连续参数表示。

（2）中等浮力通量对流条件采用非正态的 PDF 模式。

（3）考虑了对流条件下浮力烟羽和混合层顶的相互作用。

（4）对简单地形和复杂地形进行了一体化的处理。

（5）包括处理夜间城市边界层的算法。

（6）是一种稳态的烟羽扩散模式。

AERMOD 模型系统包括 AERMOD（大气扩散模型）、AERMET（气象数据预处理器）和 AERMAP（地形数据预处理器）。AERMET 的尺度参数和边界层廓线数据可以直接由输入的现场观测数据确定，也可以由输入的 NWS（国家气象局）的常规气象资料生成。尺度参数和边界层廓线数据经过设于 AER-

MOD 中的界面进入 AERMOD 后，给出相似参数，同时对边界层廓线数据进行内差。最后，将平均风速 $u$、湍流量、温度梯度 $dT/dz$ 及边界层廓线等数据输入扩散模式，并计算出浓度。将地面反射率、表面粗糙度等地面特征数据以及风速、风向、温度、云量等气象观测数据输入到 AERMET 中，在 AERMET 计算出行星边界层参数：摩擦速度 $u^*$、Monin-Obukhov 长度 $L$、对流速度尺度 $w^*$、温度尺度 $\theta^*$、混合层高度 $zi$ 和地面热通量 $H$。得到的这些参数同气象观测数据一同传递给 AERMOD 中的 Interface，在 Interface 里通过相似关系求得风速 $u$、水平方向和垂直方向的湍流强度 $\sigma v$ 和 $\sigma w$，位温梯度 $d\theta/dz$，位温 $\theta$ 和水平拉格朗日时间尺度 TL 等变量垂直分布。

AERMAP 是简化并标准化 AERMOD 地形输入数据的地形预处理器，它将输入的各网格点的位置参数 ($x$, $y$, $z$) 及其地形高度参数 ($xt$, $yt$, $zt$) 经过计算转化成 AERMOD 数据处理的地形数据，包括有各个网格点位置参数 ($x$, $y$, $z$) 及其有效高度值 zeff，这些数据用于障碍物周围大气扩散的计算，并结合风速 $u$ 等参数的分布，从而可以进行污染物浓度的分布计算。

AERMOD 模式采用了分界流线的概念来考虑地形（包括地面障碍物）对污染物浓度分布的影响，所谓分界流线的概念，将扩散流场分为二层的结构，下层的流场保持水平绕过障碍物，而上层流程则抬升跃过障碍物。这两层的流程以分界流线高度 Hc 来划分。AERMOD 模式认为污染物浓度值取决于烟羽的两种极限状态，一种极限状态是在非稳定条件下被迫绕过障碍物的水平烟羽，另外一种极限状态是在垂直方向上沿着障碍物抬升的烟羽，任一网格点的浓度值就是这两种烟羽浓度加权之后的和。

3. ADMS 模型

ADMS 大气扩散模型系统是由英国剑桥环境研究公司（CERC）开发的，能应用于计算气体污染物和颗粒状污染物在大气中的扩散过程。其系列软件包括：ADMS—Screen（ADMS—筛选），ADMS—Industrial（ADMS—工业），ADMS—Roads（ADMS—道路），ADMS—EIA（ADMS—环评），ADMS—Urban（ADMS—城市），其中 ADMS—Industrial（ADMS—工业）可计算来自点源、线源、面源和体源的污染浓度。这套系统包括以下特点：气象预处理模型，干湿沉降，复杂地形的影响，建筑物和海岸线的影响，烟羽可见度，放射性和化学模块；并可计算短期（s）内的污染高峰浓度值，如对臭味的预测。这一系统已于地理信息系统（GIS）连接，易于分析模型结果。ADMS—工业是为计算更详细的一个或多个工业污染源的空气质量影响而设计的。

　　ADMS 模型系统是一个三维高斯模型，以高斯分布公式为主计算污染物浓度，但在非稳定条件下的垂直扩散使用了倾斜式的高斯模型。烟羽扩散的计算使用了当地边界层的参数。化学模块中使用了远处传输的轨迹模型和箱式模型。ADMS 模型与其他大气扩散模型的一个显著的区别是 ADMS 模型应用了基于 Monin—Obukhov 长度和边界层高度描述边界层结构的参数的最新物理知识。其他模型使用 Pasquill 稳定参数的不精确的边界层特征定义。在这个方法中，边界层结构被可直接测量的物理参数定义。这使得随高度的变化而变化的扩散过程可以更真实地表现出来，所获取的污染物的浓度的预测结果通常是更精确、更可信。

　　4. GASMAL 系统

　　涉及危险化学品的事故要求迅即反应，事故的性质和可能的危险区域的范围需要尽快进行辨识以便启动必要的措施来保护当地居民。荷兰应用科学研究院（TNO）所开发的决策支持系统 GASMAL 能够满足化学事故分析及应急响应的需要，并减少应急机构的反应时间。

　　荷兰地方消防机构的"警报监测机构"（WVD——Waarschuwings‐en Verkennings Dienst）在涉及危险化学品的事故中扮演着重要的角色。WVD 实行专家领导，这些专家控制着大量装备有监测和通信设备的小组。监测小组被派遣到接近事故区域的关键位置收集化学品浓度。根据监测小组获得的结果，警报监测专家能够对事故状况进行分析并在必要时利用警笛和当地的广播或电视台对受影响区域的居民发出安全警报。

　　为评估受化学事故威胁的区域大小，警报和监测专家使用多种急救工具。它们通常被称为"红色状态"，包括由位于鹿特丹 Rijnmond 的 DCMR 环境机构和荷兰火灾研究院（Nibra）发布的工作表。为提高精度并更好地显示结果，TNO 已经开发了 GASMAL "红色状态"的扩展电子版。GASMAL 将计算速度、图形显示以及数据库信息结合在一起增强了对于化学事故应急而言至关重要的快速决策，确保应急响应的时效性。GASMAL 最近的版本与 GIS 系统结合，具备动态、实时应急响应、决策功能。其工作流程包括一系列与化学事故以及事故所涉及的化学物质性质相关的问题。针对这些问题的设定将引导用户从浓度色标中选择其一。浓度色标是透明的雪茄状等值线图，可直接叠加在事故区域的地图上。

GASMAL 包括三个模块：用户界面、计算模块及数据文件。用户界面是系统的核心，它是工作表的电子版本，能够使用户通过计算机屏幕与 GASMAL 进行通信。为了使用户能够在屏幕上对事故进行设定，特别提供了以下功能：获得"红色状态"的颜色和模板号，预览所得的模板号并对屏幕上的信息进行硬拷贝。依逻辑关系逐项输入所需输入的数据，包括气象数据、化学物质数据和释放数据，其后进行事故预览。

事故数据也可以储存下来以备日后评估。计算模块则基于事故位置、所涉及的有毒化学品及天气状况来确定浓度模板或色标。该模块也用于计算气体云团的扩散速率从而可以将不同时刻的计算结果显示出来。数据文件包括危险化学品及其特性的数据。这些特性数据包括物理特性数据如它们的蒸汽压，也包括那些对居民很重要的报警浓度和疏散浓度数据。由于模板选择机理基于分类方法，且仅给出对浓度的理论估计，因此最好的方法是采用监测单位测量的浓度对 GASMAL 的结果进行校核。测量结果可以输入 GASMAL，其后软件将提供测量结果相对高或低的反馈结果。

GASMAL—GIS 是 GASMAL 的地理信息系统，把在 GASMAL 中确定的模板显示在数字地图上（图 7-2）。借助该系统的帮助，用户能够快速、连贯地获得受事故影响的区域的总体印象。即使所能获得的有关事故的数据十分有限，该系统仍然能够显示出气体云团最可能出现的地域。该模拟方法的电子版本的主要优点是省时、误差范围降低、能够直接在地图上显示结果及其他重要信息、具有针对不同化学品和气象条件迅速改变等值线显示的选择。此外，GASMAL 的优势还在于警报和监测专家能够使用他们自己的地图、扫描地图而不必使用专业地图供应商的昂贵的电子地图。

此外，GASMAL 为了便于现场消防人员使用，还制作了快速使用模板。该模板包括 7 张连续源算图和 7 张离散源算图。根据源的特性、天气状况、事故时间、风向、风速在几分钟内即可迅速确定事故影响的区域和程度。

目前 GASMAL 已经用于地方消防局、环境服务机构以及荷兰和国际上多个化学工业中。如在荷兰 Rijnmond 化工区及上海化工区实地进行图上作业时，普通消防人员均能能够应用该系统在几分钟内判定事故危害区域及其程度。

图 7-2　TNO GASMAL 的 GIS 地图

5. HLY 模型系统

原化工部化工劳动保护研究所（现中国石油化工股份有限公司青岛安全工程研究院）的研究者对国内 1950—1992 年发生的 243 起有毒物质泄漏事故的泄漏方式及毒物贮存状况进行了综合分析，结合对国内典型化工危险行业的调查结果，提出影响泄漏扩散的因素主要有毒性物质的贮存状态、贮存条件、弥散限制和泄漏特征等，并总结归纳了 11 种泄漏源类型。同时根据典型事故回顾调查研究结果和环境风洞模拟实验研究结果，将危险化学品的扩散过程分为以下 5 个阶段，并提出了相应的模拟模式。

1）源泄放

指危险化学品从源（或者二次源）释放到大气中的过程，包括：有限连续的气体泄放、气体或压力液化气体爆炸性泄放、液体或冷冻液化气体形成的液池蒸发（二次源）等。

源泄放模型主要为确定泄放速度和总量。所给出的模式有：气体泄放速度模式，液体泄放速度模式、闪蒸模式、蒸发模式等。

2）行初始冲淡（空气的混入）

危险化学品从源泄放到大气后，由于能量转变导致自身体积膨胀和空气的混入，使得云团（或烟云）的初始状态发生改变。包括：由闪蒸形成的低温云团、动量产生的烟云抬升等。

163

这一过程主要确定云团的初始状态，所给出的模式有：绝热扩散模式、源抬升模式等。

3）重气扩散

由云团（或烟云）自身特征（主要考虑重力作用）所主导的扩散阶段，包括：爆炸性泄放形成的云团扩散和冷冻液化气体形成的烟云扩散等。

这一过程的计算就可以给出近源区域的泄放物质浓度，所给出的模式有：瞬时源重气扩散模式和蒸发源或非瞬时源重气扩散模式。

4）从重气到大气扩散

这一阶段描述了从云团自身特征主导的扩散转变为大气湍流所主导的扩散，包括烟团和烟云两种情况。转变点准则包括云团与环境气体的密度差以及宏观 Ri（理查逊）数。

5）大气扩散

这一阶段的扩散过程由大气湍流控制，包括了有限连续气体、瞬时气体和非典型气体三种扩散情况。模型体系的具体框架如图 7-3 所示。

在上述模型系统的基础上，利用 GIS 技术，实现危险化学品应急系统属性数据与图形数据的结合，并完善了危险化学品泄漏物质在环境条件影响下的动态扩散模拟技术和软件，从而可以用来预测危险化学品泄漏、火灾、爆炸等相关参数时空动态变化。

**二、危险化学品火灾与爆炸模拟软件**

危险化学品火灾与爆炸涉及的模型原理可以分为经验模型、区域模型以及场模型等。常用的火灾模拟软件包括 FPTOOL、ASET、CFAST、JASMINE、FDS 等。20 世纪 90 年代初期，欧洲建立了气体爆炸的模型和实验研究工程（Modeling and Experimental Research into Gas Explosions，简称 MERGE），主要由 7 个著名研究机构组成联合体进行气体爆炸模型的研究。此外，俄国国家防火科学研究中心和荷兰 TNO 也从事这方面的研究工作。主要的研究成果包括 AutoRegas、FLACS 等软件包的开发，可以较为准确地模拟开敞空间气体爆炸过程。

1. FDS（Fire Dynamics Simulator）

FDS 是美国标准技术研究局 NIST（National Institute of Standard Technology）

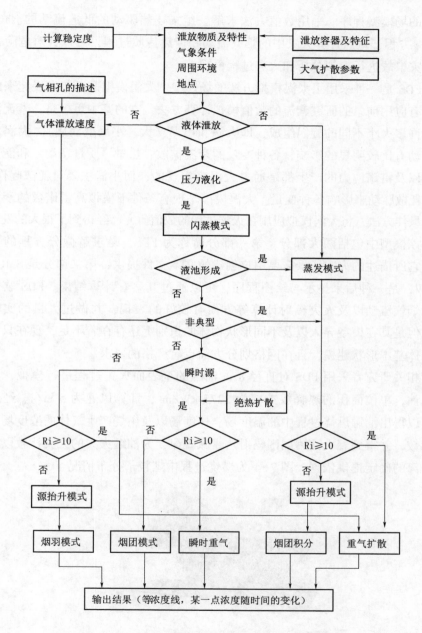

图 7-3 气体扩散模型基本结构图

开发的场模型程序。采用数值方法求解一组描述热驱动的低速流动的 Navier-Stokes 方程，重点计算火灾中的烟气流动和传热传质过程，可以针对危险化学品火灾事故进行模拟分析和火灾过程再现。

FDS 是一种采用了大涡模拟方法的场模型。大涡模拟是近年发展起来的一种很有应用前景的研究紊流的数值模拟计算方法，它的基本思想是：紊流流动是由许多大小不同的旋涡组成，即大涡和小涡（大、小尺度涡旋）。大涡对平均流动有比较明显的影响，各种变量的紊流扩散、热量、质量、动量和能量的交换以及雷诺应力的产生都是通过大涡来实现的；而小涡主要对耗散起作用，通过耗散脉动来影响各种变量。大涡模拟是现有条件下模拟高雷诺数的紊流流动的最佳方法，将大涡模拟应用在火灾过程的数值研究已经得到了很大的发展。

该模型中包括两大部分。第一部分简称为 FDS，是求解微分方程的主程序，它所描述的火灾场景需要用户创建的文本文件提供，第二部分是 SMOKEVIEW，是一种后果显示与绘图程序，可以通过其察看计算结果。FDS 软件在火灾烟气流动以及火灾辐射计算等方面有较好的表现，并做过大量的实验验证，但是其在模型导入以及不同形状物体的识别上还存在着不足，现在只支持长方体基本形状建模，且在网格划分方面也有严格的要求。

相关研究者采用 FDS 对直径 8 m 油罐的全表面火灾过程进行模拟，油品为汽油，单位面积的热释放速率为 2275 $kW/m^2$，计算风速为 5 m/s。经过计算可以得出油罐燃烧过程中的温度场、速度场以及燃烧产生气体的浓度场等特性参数，并得到着火油罐周围辐射热衰减规律，为油罐火灾的火灾扑救以及安全距离的确定提供依据。图 7-4 为燃烧过程中烟粒子分布情况。

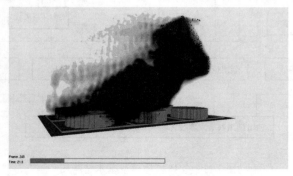

图 7-4　油罐火灾模拟过程中烟粒子分布图

## 2. FLACS（FLame ACceleration Simulator）

FLACS 是模拟复杂生产区域通风、气体扩散、可燃气体蒸气云团爆炸和冲击波的模拟工具。可以用于量化和管理海上石油工业和陆上化学工业爆炸风险。可以用于气体爆炸、粉体爆炸、LNG（液化天然气）溢出以及危险气体泄漏通风等方面的计算。

该程序分为 3 个部分：第一部分称为 CASD（场景定义），通过该模块可以建立或导入计算模型，划分计算网格，设定输入输出参数以及爆炸或者泄漏场景的构建等。第二部分称为 FLACS（火焰加速求解器），也就是该软件的核心求解器，该求解器通过对 Navier-Stokes 方程进行求解，同时增加不同的模型修正量。第三部分称为 FLOWVIS（结果展示），是一种后果显示与绘图程序，可以通过其察看计算结果。FLACS 软件支持第三方软件建模，厂区以及复杂地形的三维模型可以导入系统，但对导入模型的格式以及形状有严格的要求，目前只能识别长方体、圆柱体以及椭球型基本模型。FLACS 在密集程度较高的厂区气体爆炸计算方面有明显的优势，但是由于其不支持并行运算，在运算速率上还存在着不足，同时危险物质数量上也存在着不足，目前只有 20中常见物质的数据。

相关研究者曾结合该软件对石化行业危险气体爆炸事故进行模拟分析，以确定事故后果冲击波波及对当时的事故进行模拟重现。图 7-5 为某煤气化厂区一氧化碳变换单元爆炸事故过程模拟分析，该模拟过程计算了管道泄漏后形成的氢气云团尺寸作为计算参数，计算过后的超压与现场的破坏情况比较吻合。该结果为石化行业事故调查分析提供了相关的事故过程演化。

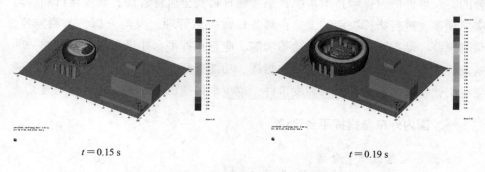

$t=0.15$ s　　　　　　　　$t=0.19$ s

（a）氢气云团爆炸后不同时刻超压波影响图

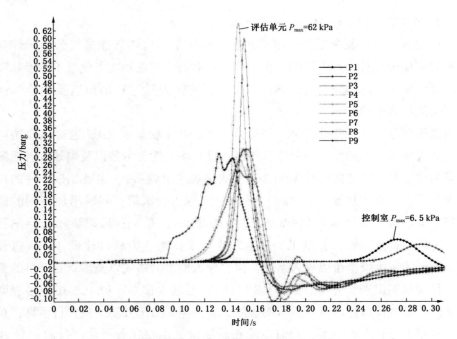

（b）氢气云团爆炸后不同位置超压曲线变化图

图7-5 氢气云团爆炸后超压波影响图

# 第二节 危险化学品企业应急指挥平台建设

应急指挥平台建设是以安全科技为核心、以信息技术为支撑、软硬件相结合的突发事件应急保障技术系统，是实施日常安全监督管理、调度运行和启动应急预案、进行指挥决策的工具；具备日常应急管理、风险分析、监测监控、预测预警、动态决策、应急联动等功能。应急指挥平台建设是应急管理的一项基础性工作，对于建立和健全统一指挥、功能齐全、反应灵敏、运转高效的应急机制，预防和应对重特大突发事件，减少事件造成的损失，具有重要意义。

## 一、国内外应急指挥平台建设

### 1. 国外应急指挥平台建设

国外的石油化工园区和大型石油化工公司大都建有完善的应急指挥平台，

如德国拜耳公司安全控制中心、巴斯夫公司安全控制中心，在事故预防和应急处置中发挥了重大作用。

1）拜耳安全控制中心

拜耳公司建有功能强大的安全控制中心，拥有 120 名应急队员和先进的应急管理系统、消防车、救护车等应急软硬件器材，配置了大屏幕指挥系统、重点部位视频监视系统、事故模拟辅助决策系统、应急管理系统等。控制中心可以对各种自动报警器材和电话报警进行跟踪和快速定位，并根据事故引发物质和当时天气状况等条件进行事故模拟计算，配置合理的应急救援力量。在发生事故时，可依据不同的事故类型和规模，自动实施三级报警，实施相应的应急处置。

2）巴斯夫安全控制中心

德国巴斯夫安全控制中心位于德国的路德维希港，成立于 1913 年，是巴斯夫化工园区的安全保障中心，负责监督响应巴斯夫工业区的生产事故，并为周边化工企业和化学品运输事故提供救援支持。它既是德国化学运输事故援助网络（TUIS）中的 10 个紧急呼救中心之一，也是德国国家级的化学品运输事故应急指挥中心（National Response Center）。该安全控制中心采用了先进的设备保证其在特殊情况下的正常工作；其"事故协调与信息系统"（ELIS）能够根据事故报告，迅速提供救援车辆、物资和人员出动指导建议，以及现场工艺布置及事故物质危害信息支持，实现信息化的应急响应管理；同时，能够利用生产厂家安装的自动灭火装置和预警系统，实现事故的自动监测与处理；提供灾害预防技术支持，编制应急预案，并定期进行预案检查、审核与更新，保障工人及居民的安全健康。

2. 国内应急指挥平台建设

我国危险化学品企业应急信息平台建设起于 2004 年，上海化工园区在国内率先建成综合性的应急信息平台，在保障生产安全方面起到了重要的作用。之后，应急信息平台建设迅速发展，各化工园区、大型石化企业陆续开展应急指挥平台建设，提高应对突发事件的能力。

1）上海化工园区应急响应中心

2003 年 3 月，中欧环境合作项目启动上海化工园区应急响应中心建设，建设资金 1300 万欧元。该中心集公共安全、道路交通、消防、医疗急救、化学事故、防灾减灾、市政抢险、环境保护等功能于一体，2004 年 3 月正式启用。这是我国化工园区中的首家应急响应中心。建立了"上海市应急联动指挥中心—化工区应急响应中心—区内企业应急分中心"的三级联动机制，构筑起全方位、全天候的保障网络，并通过预案编制和实战演练，为园区内企业"安全、健康、有序"地生产运营创造良好环境（图 7-6）。

图 7-6 上海化工园区应急响应中心

2）大榭化工区应急中心

大榭化工区应急中心于 2006 年 11 月投入使用。该中心采用先进的计算机辅助调度、计算机网络、通信、视频监控与传输、等离子大屏显示、网络与信息安全、现场无线浓度定位监测和模拟反算等技术手段，整合大榭开发区各级指挥平台、信息系统和通信调度、视频会议系统，建成集通信调度指挥、图像监控、视频会议、计算机网络、综合管理等功能于一体的管委会应急指挥中心平台，实现与宁波市政府、各专项指挥部之间的通信联络畅通、指挥协调有力、处置快速及时、联合行动密切、应急处理高效的要求，有效地应对各类突发事件。使应急中心的处警、决策、指挥协同联动，资源和安全管理等过程更加科学、准确，最大限度地提高反应速度。

3）燕山石化应急指挥系统

燕山石化应急指挥系统集成了计算机辅助调度、短信、视频监控与传输、大屏显示、现场浓度监测和模拟预测等技术手段，整合了企业原有资源，使资源管理和应急指挥、调度、决策过程更加高效，极大地提高了应急反应速度（图7-7）。

图7-7　燕山石化应急指挥中心

### 二、应急指挥平台建设的主要内容

企业应急指挥平台建设是一项复杂的系统工程，主要包括基础设施建设、应用支撑系统建设、综合应用系统建设、应急指挥平台保障技术等部分。

1. 基础支撑系统

基础支撑系统主要完成化工企业内部、企业与地方政府间的通信保障、计算机网络传送保障、视频会议保障和视频介入保证等内容。企业应急指挥平台体系要具备良好的基础设施。基础设施主要包括三大部分内容：应急指挥场所、应急网络系统和通信系统。

1）应急指挥场所

完善应急指挥厅和值班室等应急指挥场所，建设企业的视频会议系统，根据政府的要求，同政府主管部门的视频会议系统实现互通。实现全天候、全方位接收和显示来自事故现场、救援队伍、社会公众、新闻媒体等渠道的信息，并对各种信息进行全面监控管理；实现企业内部应急救援资源协调和管理，实现值守应急和发生突发事件时进行救援物资调度、异地会商和决策指挥等需要。

应急指挥厅和值班室要配备 DLP 大屏幕拼接显示系统、辅助显示系统、专业摄像系统、多媒体录音录像设备、多媒体接口设备、智能中央控制系统、视频会议系统、有线和无线通信系统、手机屏蔽设备、终端显示管理软件、UPS 电源保障系统、专业操控台及桌面显示系统、多通道广播扩声系统和电控玻璃幕墙及常用办公设备等。

2）应急网络系统

具备条件的企业可以建立自己的专网，同下属单位的应急指挥平台、救援基地的应急终端互联互通；必要情况下配备专用的网络服务器、数据库服务器和应用服务器等必要设备，适当补充平台设备和租用线路，完善应急指挥平台体系的通信网络环境、满足图像传输、视频会议和指挥调度等功能要求。

3）应急通信系统

充分利用当今先进的通信技术手段，建设固定和移动相结合、地面和卫星相结合的应急通信平台，确保企业应急救援指挥中心、下属单位应急指挥中心之间以及应急平台与事故现场之间的数据传输要求。有条件的企业可以利用卫星、蜂窝或集群通信系统，实现事故现场和应急指挥中心间的视频、语音和数据传输。

2. 应用支撑系统

应用支撑系统是应急指挥平台业务应用系统运行和管理的基础。采用低耦合、高内聚的设计思想，基于开放的标准，采用组件的方式提供了应用系统的基础功能，为系统高效、可靠地运行提供保障。

应用支撑系统的核心是中间件和行业标准规范，在门户系统、数据交换系统、地理信息系统和应用集成系统等中间件产品的基础上，采用相关标准规范，开发应用支撑系统。

3. 信息管理系统

本系统是为应急指挥平台提供各种基础数据的软件平台，完成企业基本信息、危险源信息、应急预案、应急队伍、案例库等基本信息的收集、录入和管理工作。各种基础数据的录入和维护由基层单位来完成，各企业要负责数据的准确性和完整性。应急中心的建设需要兼顾国家对重大危险源管理的要求，对系统数据库进行分析与设计。共分 3 个层次：一是企业基本信息，包括周边环境信息；二是涉及的各类危险源信息；三是应急管理方面的信息。数据要符合国家有关信息化的要求，要规范统一。

信息管理系统主要包括以下功能模块。

（1）基本信息：存储对于突发安全生产事件应急中有重要影响的基本信息，主要包括企业应急指挥管理机构、应急财力、应急通信、应急运输、应急医疗、重点保护目标信息等。

（2）空间信息：存储地理参考的基础空间地理信息，包括数字地图、遥感影像、消防管网、路网、避难场所分布图和风险图等内容，包含周边地理信息中的地貌、水系、植被和社会地理信息中的居民地、交通、特殊地物、地名等要素以及相关的描述性元数据。

（3）事件信息：存储突发安全生产事故接报信息，预测预警信息，风险隐患监测信息，事件现场监控信息以及指挥协调过程信息等。

（4）危险源：存储企业根据《重大危险源辨识》（GB 18218—2018）辨识出的重大危险源的信息。

（5）应急预案：存储安全生产应急指挥平台中各级各类应急预案，包括企业的总体预案、专项预案、现场预案和消防队灭火预案。应急预案按照内容和形式分为文本预案和数字预案两种。

（6）救援队伍：主要存储与企业安全生产专业领域相关的应急救援队伍、企业救援队伍、社会志愿者及其他应急救援队伍。

（7）应急物资：主要存储企业现有的各应急物资储存点应急物资的储备情况。

（8）应急专家：主要存储与企业安全生产专业领域相关的应急专家，包括专家姓名、所属单位、所属专业领域、职称、专业经验和联系方式等。

（9）法规：主要存储国家各级政府部门发布的与安全生产相关的事故灾难法律法规、规章、规范性文件、技术规范等。

（10）案例：案例库存储突发事件典型案例，包括案例基本信息和案例扩展信息以及与案例相关的图片、音视频等多媒体信息。

（11）知识：存储结构化、易操作、易利用、全面的、有组织的、互相联系的事实和规则，包括在处理生产安全事故中积累的与该领域相关的基本概念、理论知识、事实数据以及所获得的规律、常识性认识、启发式规则和经验教训等。

（12）文档：存储队伍资质数据、培训数据、模拟演练数据、统计分析结果数据；同时存储生产安全事件救援指挥、调度处置等应急业务领域中出现的大量文档信息和资料，包括纯文本、普通文档、XML 文件、图像和音视频等。

4. 综合应用系统

综合应用系统是应急指挥平台的核心部分，运用计算机技术、网络技术和通信技术、事故仿真模拟技术、GIS、实时数据采集等高技术手段，对企业的关键装置或要害部位进行监控、预警、事故应急响应和辅助决策。按照国家有关管理规定，通过统一规划、设计和开发形成满足应对突发事件协调指挥和应急处置工作需要的综合应用系统。

系统应能够采集、分析和处理实时监控信息，为应急指挥机构协调指挥突发事件的应急处置工作提供参考依据。系统能够满足全天候、快速反应突发事件的信息处理和应急调度指挥的需要，使其具备事故快报功能，并以地理信息系统和视频会议系统为平台，以数据库为核心，快速进行事故受理，与应急资源和社会救助联动，及时、有效地进行应急调度指挥。

综合应用系统主要由应急值守模块、监测监控模块、预测预警模块、应急响应模块、决策指挥模块、应急评估模块和统计分析模块七大部分构成。

1）应急值守

该模块主要将化工企业装置内的各类自动报警信号（如火灾报警、有毒气体报警仪、可燃气体报警仪、环保监测数据）、手动电话报警等信号连接到应急指挥中心，并依据事故特点和性质进行分类处理。

（1）接到报警信号后，系统结合电子地图，自动、分屏显示报警地点、单位、电话、周边情况等信息。

（2）能够区分手动报警等各类报警的信号类型，采用图形、音响、语音、色彩等形式加以区分。

（3）对于不同的报警信号类型采取相应措施。如电话报警可自动确认火警出动，同时启动数字录音，对电话进行全程录音，并可以随时回放，可自动弹出回叫电话加以确认。

（4）系统可对网络中各探测器、控制器自动进行巡查，显示故障部位，实现监督监控的功能。

（5）自动定位：当报警信号到达指挥中心，系统在提示操作人注意的同时，会自动将发生事故的位置显示监视器的屏幕中心，并闪烁提示操作人，同时视频信息也将现场视频快速定位和显示。

（6）报警识别：系统对于报警类型可进行事故确认、误报、重报、演练等相关处理，同时保存到数据库。

本模块涉及的主要设备有：一机双显接警机（一屏调度，一屏用于电子地图显示）；无线耳麦接警电话；语音呼叫设备（主要完成电话智能排队；电话数字录音；举行多方电话会议等功能）。

2）监测监控

监测监控系统将整个化工企业管理区域内的重大危险源、消防设施、重大设备、安全检查、整改等进行有效管理，实时地对安全生产进行监控及管理。建立安全事件管理信息系统、视频监控系统、智能自动化生产监控设备系统。安全生产应急监测监控系统将视频监控系统、智能自动化生产监控设备系统进行有机地整合及数据采集，达到对危险源、危险化学品的监控及信息数据采集，实现自动报警及危警处理及事件上报功能。

3）预测预警

应急指挥中心根据重特大事件预测与预警结果，针对重特大事件开展风险评估，做到早发现、早报告、早处置。

（1）预报。应急指挥中心应通过以下途径获取预报信息：

①国家政府通过新闻媒体公开发布的预警信息；

②地方政府利用新闻媒体公开发布的预警信息；

③政府主管部门向应急指挥中心告知的预报信息；

④对发生或可能发生的重特大事件，经风险评估得出的事件发展趋势报告。

（2）预测。应急指挥中心组织有关部门和专家，根据事件的危害程度、紧急程度和发展势态，以及政府发布的四级预警（红、橙、黄、蓝），结合企业的实际情况，应对事件做出如下判断：

①启动企业级应急预案；

②企业应采取的防范措施。

（3）预警。应急指挥中心根据预测结果，应进行以下预警：

①符合应急预案启动条件时，立即发出启动预案的指令；

②指令相关职能部门进入预警状态;

③指令相关部门采取防范措施,并连续跟踪事态发展。

(4)预警解除。达到预警终止条件,应急指挥中心宣布预警解除。

4)应急响应

突发事件发生后,自动进行事故基本情况记录,并按照应急预案的有关管理规定生成规范的事故快报和事故祥报,以多种方式进行上报,同时依据突发事件的类型和大小,自动选择合适的应急预案进行调阅和快速响应。

(1)生成事故报告:包括天气条件、事故基本情况、相关的应急预案和电子平面显示图等基本信息。

(2)应急预案调阅:依据事故发生的类型和大小调阅预案,将事故相关信息通过短信群发、电话拨打、传真和网络等方式通知各相关领导和应急人员。

(3)事故报警:依据事故大小启动企业的警报系统,通知相关人员按既定预案进行响应和人员疏散。

(4)应急队伍和物资调度:通知相关应急队伍迅速赶往事故现场进行应急处置;同时调配企业可支配的应急物资。

(5)通知相关领导赶赴应急响应中心成立应急指挥中心,对事故进行应急指挥。

本模块涉及的主要设备有:综合通信平台(主要完成短信群发、电子邮件群发、电话自动拨打、传真自动发送等功能)、报警设备、打印机等。

5)决策指挥

依据实时气象数据、事故物质的理化数据、事故设备的参数对事故进行模拟,并依据企业现有应急救援力量进行科学估算事故需要出动的应急救援力量,为事故应急救援提供辅助决策功能。

(1)实时气象数据库:系统将自动采集事故地点风向、风速、温度、气压和湿度等实时气象数据,并将每一分钟的数据保存数据库,为后期的事故模拟提供基础数据。

(2)事故模拟:依据事故时的天气状况、事故设备和事故物质等信息,进行快捷估算物料泄漏、火灾等事故造成的破坏区域和影响范围。

(3)专家建议:依据事故类型选择适合专家联系,召开电话会议,听取专家建议。

（4）视频会议：和上级应急指挥中心联系召开视频会议，进行事故报告，并听取领导指示。

本模块涉及的主要设备有：大屏幕触摸屏（可自动升降，在事故状态下用于领导进行决策）、视频会议终端、自动气象仪（可实时收集风速、风向、温度、气压和湿度）、专业笔记本（按照预案给各相关部门配置专用笔记本用于事故下提供技术支持）、会议电话（举行紧急电话会议用）。

6）应急评估

应急评估系统利用各种数据分析工具和综合评判模型，根据所记录的应急预案应对过程信息，结合突发事件应急响应与处置实际效果，对应急指挥平台的各种应急预案及其在应急过程中应急措施的及时性、有效性进行综合评估，从中发现应急预案本身和应急处置措施执行的经验与不足，根据应急评估体系对应急能力进行评估，通过总结经验、调整预案、完善评估体系提高应急能力。

重大事故应急能力评估机制主要研究突发事件应急能力评估体系和方法，建立应急评估系统，衡量针对突发事件的应急能力以及需要哪些应急能力以应对可能的突发事件，检验应对突发事件时所拥有的人力、组织、机构、手段和资源等应急因素的完备性、协调性以及最大程度减轻灾害损失的综合能力。

7）统计分析

对安全生产相关的应急预案、重大危险源、突发事件、事故案例、应急资源、应急物资、法律法规、培训演练情况和知识等进行统计和分析。

5. 平台安全保障体系

严格遵守国家相关的保密规定，采用一定的技术手段，严格用户权限设置，确保涉密信息传输、交换、存储和处理安全。加强应急平台的供配电、空调、防火、防灾等安全防护，对计算机操作系统、数据库、网络、机房等进行安全检测和关键系统及数据的容灾备份，完善应急平台的安全管理机制。

6. 移动应急指挥平台

移动应急指挥平台以应急通信指挥车为载体，与应急中心使用统一的接警平台，实现数据同步共享，在重大灾害事故应急抢险时作为现场的指挥控制中心，实现事故现场、安全生产指挥中心和上级或政府应急指挥中心的联络及其他相关部门进行应急通信联络，及时协调相关单位部门，实时指挥调度抢险人员、设备和物资进入现场，实时指挥现场抢险，采用有效的抢险方式和手段，将突发重大灾害事故的人身安全和财产损失降低到最低限度。

# 第三节　国家危险化学品事故
## 应急救援队伍体系建设

　　针对化工企业装置集约化和油气储罐大型化趋势、重大以上事故时有发生的情况，应急管理部国家安全生产应急救援中心（前国家安全生产应急救援指挥中心）一直在探索建立大区内国家级区域应急救援队伍协同应对重特大安全生产事故的机制。

　　国家危险化学品应急救援队伍体系建设的指导思想是：在现有应急救援资源的基础上，根据危险化学品企业的分布情况，针对可能造成的事故，整合大型企业现有应急救援力量，发挥企业救援力量基础好、专业性强、经验丰富的优势，建设我国危险化学品事故应急救援队伍体系。在全国范围内，根据地域、化工企业、现有应急力量等的分布情况，对国家级应急救援队伍进行合理规划和布局，合理辐射周边的救援区域，协同作战，形成区域救援能力。

## 一、建设原则

　　1. 统筹规划、重点突出

　　统筹我国化工园区和危险化学品企业主要分布和油气通道建设布局，强化区域覆盖能力需求，兼顾"一带一路"建设的安全保障，提高快速应急处置能力，提高重特大事故应急救援能力。

　　2. 依托原有、强化提升

　　依托目前基础条件较好、管理水平较高、应急能力较强的应急救援队伍，针对大型石化装置、大型罐区和油气管道事故特点，配备急需装备，完善薄弱环节，全面提升应急救援能力。

　　3. 科技引领、创新实践

　　依托科研力量和培训基地，针对危险化学品和油气管道事故特点，加强应急基础理论和实用技术的研究，强化救援指战员技战术训练和实战演练，着重提高应急人员综合素质，全面提升事故应急救援能力。

4. 装备配备原则

按照"专业分工，功能完备，立足长远，性能卓越"的配备原则，针对现有石油化工装置和储罐大型化、集群化的特点，依据各应急队伍及其周边覆盖区域内的应急需求，个性化配备国际先进、性能尖端的应急救援装备以及远程研判和智能处置设备，提升应急处置能力。

## 二、建设目标

综合考虑我国重点石油、化工企业和危险化学品、重大危险源的分布以及现有应急救援资源情况，根据队伍覆盖半径的客观要求，整合大型企业现有应急救援资源，加强装备建设，建立统一指挥、协调有力、运转高效的国家危险化学品应急救援体系和救援机制。通过建设国家级危险化学品应急救援队伍，形成强有力的区域救援能力，救援力量覆盖全国所有地区，实现危险化学品应急救援网络的无盲区。通过加强危险化学品事故应急救援技术指导中心建设，为危险化学品事故的应急救援提供强有力的技术支撑。

依托国有大型企业现有的救援队伍组建国家级危险化学品应急救援队伍。国家级危险化学品应急救援队伍负责重大、特别重大危险化学品事故的应急救援和信息咨询；洗消、堵漏、抢险、油田灭火、救援装备和物资的储备；人员培训；同时，对区域内中小企业的救援队伍进行培训和指导，带动区域内危险化学品企业应急救援工作的开展。

依托应急管理部化学品登记中心（中国石化青岛安全工程研究院）建设国家危险化学品事故应急救援技术指导中心。技术指导中心是危险化学品事故应急救援服务机构，具有远程信息咨询、技术指导功能，可以及时为事故现场提供化学品的基础信息、应急救援的基本建议和注意事项等。

## 三、建设情况

自 2011 年起，利用中央国有资本经营预算安全生产保障能力建设专项资金，加强对国家级危险化学品应急救援队伍的装备，配备先进、大型、特种应急救援装备。截至 2018 年底，已完成 1 个危险化学品事故应急救援技术指导中心、37 支国家危险化学品应急救援队、6 支国家油气管道应急救援队的装备，形成覆盖危险化学品领域主要分布地区的核心救援力量。

1. 国家级危险化学品应急救援队伍

37支国家级危险化学品应急救援队伍分布情况详见表7-1，6支国家级油气管道应急救援队伍分布情况详见表7-2。

表7-1　国家危险化学品应急救援队伍分布情况表

| 地区 | 队 伍 名 称 | 依 托 单 位 |
|------|-------------|-------------|
| 黑龙江 | 国家危险化学品应急救援七台河基地 | 黑龙江龙煤七台河矿业有限责任公司 |
| 吉林 | 国家危险化学品应急救援吉林石化队 | 中国石油吉林石化消防支队 |
| 辽宁 | 国家危险化学品应急救援大庆油田队 | 中国石油大庆油田有限责任公司消防支队 |
| | 国家危险化学品应急救援大庆石化队 | 中国石油大庆石化消防支队 |
| | 国家危险化学品应急救援抚顺石化队 | 中国石油抚顺石化消防支队 |
| | 国家危险化学品应急救援大连队 | 中国石油大连石化消防支队 |
| 京津冀 | 国家危险化学品应急救援燕山石化队 | 中国石化燕山石化消防支队 |
| | 国家危险化学品应急救援天津石化队 | 中国石化天津石化消防支队 |
| | 国家危险化学品应急救援石家庄炼化队 | 中国石化石家庄炼化消防支队 |
| | 国家海上油气应急救援渤海（天津）基地 | 中海油能源发展有限公司工程技术分公司 |
| 内蒙古 | 国家危险化学品应急救援神华鄂尔多斯队 | 神华集团鄂尔多斯煤制油分公司消防气防中心 |
| 新疆 | 国家危险化学品应急救援乌鲁木齐石化队 | 中国石油乌鲁木齐石化消防支队 |
| | 国家危险化学品应急救援新疆油田队 | 中国石油新疆油田消防支队 |
| 宁夏 | 国家危险化学品应急救援神华宁东队 | 神华集团宁夏煤业公司煤化工分公司消防队 |
| 青海 | 国家危险化学品应急救援青海盐湖队 | 青海盐湖工业股份有限公司救援中心 |
| 甘肃 | 国家危险化学品应急救援兰州石化队 | 中国石油兰州石化消防支队 |
| 陕西 | 国家危险化学品应急救援长庆油田队 | 中国石油长庆油田消防支队 |
| | 国家危险化学品应急救援中煤榆林队 | 中煤能源陕西榆林能源化工公司消气防中心 |
| 四川 | 国家危险化学品应急救援四川石化队 | 中国石油四川石化消防支队 |
| | 国家油气田井控应急救援川庆队 | 中国石油川庆钻探工程有限公司（井控应急救援响应中心） |
| 重庆 | 国家危险化学品应急救援重庆川维队 | 中国石化重庆川维化工有限公司消防大队 |

180

表7-1（续）

| 地区 | 队伍名称 | 依托单位 |
|------|----------|----------|
| 云南 | 国家危险化学品应急救援昆明基地 | 中石油云南石化有限公司 |
| 山东 | 国家危险化学品应急救援齐鲁石化队 | 中国石化齐鲁石化消防支队 |
| | 国家危险化学品应急救援青岛炼化队 | 中国石化青岛炼化消防队 |
| 河南 | 国家危险化学品应急救援中原油田队 | 中国石化中原油田消防支队 |
| | 国家危险化学品应急救援普光队 | 中国石化中原油田普光应急救援中心 |
| 安徽 | 国家危险化学品应急救援安庆基地 | 中国石化安庆分公司消防支队 |
| 湖北 | 国家危险化学品应急救援武汉石化队 | 中国石化武汉石化消防大队 |
| 江苏 | 国家危险化学品应急救援扬子石化队 | 中国石化扬子石化消防支队 |
| 浙江 | 国家危险化学品应急救援镇海炼化队 | 中国石化镇海炼化消防支队 |
| | 国家危险化学品应急救援中化舟山队 | 中国中化舟山危化品应急救援基地有限公司 |
| 福建 | 国家危险化学品应急救援泉州石化队 | 中国中化泉州石化消防队 |
| 广西 | 国家危险化学品应急救援广西石化队 | 中国石油广西石化消防队 |
| 海南 | 国家危险化学品应急救援海南炼化队 | 中国石化海南炼化消防队 |
| 广东 | 国家危险化学品应急救援广州石化队 | 中国石化广州石化消防支队 |
| | 国家危险化学品应急救援茂名基地 | 中国石化茂名分公司消防支队 |
| | 国家危险化学品应急救援惠州队 | 中国海油惠州石化消防队 |

表7-2　国家油气管道应急救援队伍分布情况表

| 地区 | 队伍名称 | 依托单位 |
|------|----------|----------|
| 辽宁 | 国家油气管道应急救援沈阳队 | 中国石油管道局工程有限公司东北石油管道有限公司 |
| 京津冀 | 国家油气管道应急救援廊坊队 | 中国石油管道局工程有限公司维抢修分公司 |
| 新疆 | 国家油气管道应急救援乌鲁木齐队 | 中国石油西部管道分公司乌鲁木齐输油气分公司 |
| 云南 | 国家油气管道应急救援昆明队 | 中国石油西南管道分公司昆明维抢修分公司 |
| 江苏 | 国家油气管道应急救援徐州队 | 中国石化管道储运公司抢维修中心 |
| 广东 | 国家油气管道应急救援深圳队 | 深圳海油工程水下技术有限公司 |

2. 国家危险化学品事故应急救援技术指导中心

1）队伍建设

国家危险化学品事故应急救援技术指导中心拥有一支 40 余人的应急救援技术专家，硕士及以上学历人员占比高达 70%，取得注册安全工程师、注册安全评价师等各类资质的人员占比在 60% 以上，涵盖工艺安全、设备安全、仪表安全、HSE 管理、监测检验、风险评估、事故调查等领域，这些技术专家业务本领强、专业素质过硬；拥有一支 120 余人的消防应急专家库，可处置危险化学品、炼化装置、油气田、管道等相关事故；依托 1.5 万多家应急咨询服务代理会员单位，建了庞大的企业级专家库。

2）资源优势

（1）数据资源。引进 CHEMDATA、CHEMWATCH、CHEMINFO、TOXNET、HSDB 等国外权威数据库，具有十几万种化学品的安全数据信息；购买了农药电子手册、chemaid 化救通等专业数据库；自主开发了全国危险化学品生产及 SDS 信息、国家危险化学品应急救援专业队伍信息、全国有资质的危险化学品废弃处置单位、全国中毒急救网、事故案例信息等数据库。

（2）化学事故现场实时数据采集和决策会商系统：

①基于 HAZMAT ID 化学物质快速检测仪、Responder RCI 化学品快速检测仪、应急救援快速部署检测系统 RDK、WeatherPAK 气象站和单兵无线图传等现场数据采集设备，实现了突发化学事故现场音视频、气体浓度、气象数据的实时采集和传输。

②基于卫星通信的决策会商系统，实现了化学事故现场（移动应急通信指挥车）、技术指导中心、事发企业应急指挥中心、国家安全生产应急救援中心之间的决策会商，各方结合现场实时数据采集系统，就事故发展态势、救援措施、人员疏散方案、资源调度和应急处置方案制定等展开决策会商，提高了应急决策效率和应急协同能力，为指挥者、专家、处置和救援人员提供了必不可少的、高效的信息化支撑。

（3）化学事故应急救援辅助决策平台建设。依托曙光中型计算机群形成了以三维数值辅助决策运算、自助研发的工程化运算为基础的化学事故应急救援辅助决策平台，峰值计算能力超过每秒 30 万亿次。通过购置的三维激光扫描仪、图形工作站等硬件设备结合三维建模软件 Microstation 对复杂建筑设施的快速建模，结合三维数值模拟软件 Fluidyn（泄漏扩散模拟）、FLACS（气体扩散与爆炸）、SiMap（海上溢油模拟软件）、SAFER REAL-TIME（化学事故模拟软件）、CFX（设备内流体力学软件）可实现对化学事故的影响范围、危害程度的模拟分析，从而对化学事故进行预测预警。

3）应急服务

按照国际化学事故应急响应模式，国家危险化学品事故应急救援技术指导中心设立了Ⅰ级、Ⅱ级、Ⅲ级响应。

依托24小时应急咨询电话（0532—83889090），为危险化学品事故现场提供化学品理化性质、危害特性、火灾与泄漏应急处置、中毒急救和个体防护等专业信息，为紧急情况下的任何个人或单位提供必要的协助，帮助其摆脱或处理险情。

如果涉及复杂化学品事故，将第一时间启动Ⅱ级响应，根据事故现场要求，派出专家团队赴现场进行技术指导。

如果遇到重特大事故，将第一时间启动Ⅲ级响应，派出专家团队携带应急指挥通信车、现场实时数据采集设备、应急现场检测和防护装备等，赶赴现场提供全方位的技术支持。

近些年，国家危险化学品事故应急救援技术指导中心参与处置了多起重大危险化学品事故如青岛"11·22"输油管道爆炸事故、天津"8·12"爆炸火灾事故、日照"7·16"爆炸事故，响水"3·21"爆炸事故等，为这些事故的应急处置、事故调查提供了针对性、专业性的技术支持。

# 第八章 危险化学品事故
# 应急救援装备

应急救援装备对危险化学品事故应急处置与救援的成败起着举足轻重的作用。要提高应急救援能力，保障应急救援工作高效开展，迅速化解险情，控制事故，就必须提前配备一定数量的专业应急救援装备。

## 第一节 危险化学品事故应急救援装备分类

危险化学品事故应急救援装备种类繁多、功能不同、适用性差异大。目前我国没有统一的分类标准，常见的分类方法有 3 种：按照适用性分类，按照具体功能分类，按照使用状态分类。从危险化学品事故应急处置与救援的角度，按照具体功能进行分类更科学、更适用。

危险化学品事故应急救援装备按照具体功能通常分为个体防护装备、侦检装备、堵漏装备、灭火装备、医疗救护装备、通信装备、排烟装备、照明装备、洗消装备、警戒装备、破拆装备、救生装备、攀登装备、其他特殊装备等。

### 一、个体防护装备

个体防护装备指应急救援人员在处置危险化学品事故时为免受化学、生物与放射性物质伤害、保护人体健康安全穿戴的装备。常用的个体防护装备包括防护服、呼吸防护用品、其他防护用品等。

1. 防护服

防护服可预防化学品通过皮肤进入身体。常用的防护服有化学防护服、消防战斗服、避火服、隔热服、防静电服等。危险化学品事故应急救援人员应根据环境、温度、有毒介质等因素，配置不同种类与等级的防护服。

（1）化学防护服。化学防护服可以避免化学品通过直接损害皮肤或经皮肤吸收对人体造成伤害，分为气体致密型、液体致密型和粉尘致密型3类：

①气体致密型化学防护服将人体与外界完全隔绝，对可经皮肤吸收的毒性气体或高蒸气压的化学雾滴有很好的隔绝作用，可提供最高等级的皮肤防护。

②液体致密型化学防护服主要防止液态化学品对人体的伤害，适合处置液体泄漏的应急人员穿着。

③粉尘致密型化学防护服用来防止化学粉尘和矿物纤维的穿透，适合空气中可能有漂浮粉尘环境的应急人员穿着。

（2）消防战斗服。消防战斗服指消防员在灭火时为免受高温、蒸汽、热水、热物体以及其他危险化学品的伤害而穿着的作业服，分为常规型和防寒型两种。常规型由阻燃抗湿外罩和可脱卸的抗渗水内层组成，防寒型由阻燃抗湿外罩和可脱卸的抗渗水内层、保暖层、内衬层组成。

（3）避火服。避火服在特殊状况下，可穿越火焰区或短时间进入火焰区。适用于扑救液化石油气、飞机坠落等特种火灾。

（4）隔热服。隔热服适合辐射温度不大于700 ℃、接近火场高温区抢险作业。隔热服穿着方便快捷，反射辐射热效果好，但不能穿越火焰区或短时间进入火焰区。

（5）防静电服。防静电工作服可防止静电积聚，适合在易燃易爆环境下应急救援时穿着。

**2. 呼吸防护用品**

呼吸防护用品可预防化学品通过呼吸道进入身体。常用的呼吸防护用品包括空气呼吸器、氧气呼吸器、防毒面具、强制送风呼吸器等。

（1）空气呼吸器。空气呼吸器适合在高浓度毒气、烟雾、悬浮于空气中的有害污染物或缺氧环境中使用。目前，空气呼吸器多采用6.8 L的高压碳纤维瓶，可供给救援人员呼吸45 min 左右。空气呼吸器以压缩空气（30 MPa）为呼吸气源，不依赖外界环境气体，任一呼吸循环过程，面罩内压力均大于环境压力，亦称为正压式空气呼吸器。

（2）氧气呼吸器。氧气呼吸器适合在有毒、缺氧、烟雾、悬浮于空气中的有害污染物等恶劣环境中使用，能较长时间供给呼吸气。目前，氧气呼吸器最长能提供 4 h 的呼吸防护，主要应用于矿山救护及石化、航天、核工业、地铁等的抢险救灾。氧气呼吸器以高压氧气瓶充填压缩氧气为气源，不依赖外界环境气体，用呼吸舱（或气囊）作储气装置，面罩内的气压大于外界大气压，亦称为正压式氧气呼吸器。

（3）防毒面具。过滤式防毒面具只能使用于空气中氧气体积浓度不低于18%、温度为-30~45 ℃、毒气浓度不高的环境，不能用于槽、罐等密闭容器环境。过滤式防毒面具防毒性能主要取决于滤毒罐成分。不同颜色的滤毒盒用于防护不同类型的毒气，防毒时间也不同。使用者应根据毒物种类、浓度选好滤毒罐，并根据面型尺寸选配适宜的面罩号码。使用中应注意有无泄漏和滤毒罐失效时间。

（4）强制送风呼吸器。强制送风呼吸器使用的条件限制和过滤式防毒面具相同。强制送风呼吸器是在过滤式防毒面具上增加了小型电动鼓风机，解决了过滤式防毒面具吸气阻力大的问题，同时增加一只过滤罐，延长了工作时间。

3. 其他个体防护用品

其他个体防护用品主要包括对头、眼睛、手、脚等部位的防护。

消防头盔是用于保护消防指战员自身头部、颈部免受坠落物冲击和穿透以及热辐射、火焰、电击和侧向挤压伤害时的防护器具。

防护眼镜是防止有害物质伤害眼睛的眼部护具，包括化学护目镜、防冲击眼镜等。

手部保护用品包括防化手套、防割手套、绝缘手套、耐高温手套等。防化手套种类繁多，选择时应考虑防护的危险化学品种类，如油类、酸类、腐蚀性介质及各种溶剂等，综合指标较佳为优先选择。

脚部保护用品包括消防战斗靴、防化安全靴、电绝缘鞋（靴）、防静电鞋（靴）等。

## 二、侦检装备

侦检装备是指用人工或自动的侦检观测方式、获得现场相关信息与数据的仪器和用具。

危险化学品事故侦检类装备主要包括气体检测器材、液体检测器材、气象观测器材、景像观察器材和测温测电器材等。

1. 气体检测器材

气体检测器材主要用于检测事故现场大气有毒有害气体、易燃易爆气体、放射性射线、军事毒剂等的存在与数值以及空气中氧含量，以便为防护与处置采取何种相应方法做出正确指引。气体检测器材包括气体检测仪、气体检测管、检测试纸、放射性侦检仪。

（1）气体检测仪。气体检测仪类型很多，有检测单一品种气体的检测仪，也有同时检测多种气体的检测仪。如果已知泄漏的化学品，可直接采用单一的能检测该化学品的气体检测仪，如检测硫化氢、氯气、氧气、易燃气体等。如果不能确认哪种化学品泄漏，应使用多种气体检测仪，常见有两探头至五探头的多种气体检测仪。

（2）气体检测管。在已知危险化学品的条件下，利用检测管内特定检测剂与气体反应，根据检测管颜色的变化确定是否存在被测物质，根据检测管色变的长度或程度测出被测化学品的大约浓度。气体检测管可测近 300 种无机和有机气态污染物。气体检测管按测定方法可分为比长型检测管和比色型检测管。

（3）检测试纸。检测试纸是一种用化学试剂处理过的滤纸、合成纤维或其他合成材料制成的纸样薄片的化学试纸。目前已有的检测试纸可对多种有害化学物质进行定性和半定量测定。检测试纸可分为蒸气检测试纸和液滴检测试纸。蒸气检测试纸用于检测蒸气状和气溶胶状的物质，如检测氢氰酸、氯化氢和光气等；液滴检测试纸用于检测地面、物体表面等处的液滴状物质，可检测沙林、维埃克斯、梭曼和芥子气等毒剂。

（4）放射性侦检仪。放射性侦检仪是检测大气环境中的 $\alpha$、$\beta$、$\gamma$ 和 X 射线的安全检测仪器。显示方式有指针显示读数与 LCD 显示读数两种。用放射性侦检仪能快速寻找 $\alpha$、$\beta$、$\gamma$ 射线污染源，并确定污染源辐射最强的地方。当射线的强度超过预设值时，侦检仪发出声音报警。将侦检结果显示在 LCD 上。

2. 液体检测器材

液体检测器材主要用于针对事故现场液态化学品，检测酸碱度或有毒有害、军事生化毒剂等，判断该物质的存在与数值，以便为防护与处置采取何种

相应方法做出正确指引。液体检测器材包括水质分析仪、便携式多参数分析仪、pH 值测试仪等

（1）水质分析仪。水质分析仪可对地表水、地下水、废水、饮用水中的化学物质进行定量分析，可分析水中的氰化物、甲醛、硫酸盐、氟、苯酚、二甲苯酚、硝酸盐、磷、氯、铅等几十种有毒有害物质。

（2）便携式多参数分析仪。便携式多参数分析仪配有便携式分光光度计、pH 计、电导仪、浊度计、系列 pH 铂电极、电导率探头以及可以测量 20 余种不同参数所需的试剂和测试组件，这些试剂和测试组件大概可以进行 100 次测试。可测试参数主要包括酸度、碱度、余氯、电导率、浊度、硝酸盐、亚硝酸盐、铜、铁、锰、硫酸盐、亚硫酸盐、硫化物、氨氮等。

（3）pH 值测试仪。pH 值测试仪采用 LCD 直接显示酸碱度高低值，现场使用直观快捷。常见 pH 值测试仪其端头传感器还可测试液体温度。pH 值测试仪需经常使用标准液标定，以确保其数值准确。更可以配置 pH 值试纸辅助认定。

3. 气象观测器材

气象观测器材可测量风向、风速、温度、湿度和太阳辐射等气象参数。这些气象参数影响危险化学品的扩散速率、扩散范围以及扩散时间等。气象观测器材包括气象仪、手持风速仪等。

（1）气象仪。在危险化学品事故应急救援时，一般采用移动式气象仪。传统的移动式气象仪风速与风向均有转动部件，现场安装需要较长的时间，而现代的数码气象仪现场安装方便、铺设简单。

（2）手持风速仪。手持风速仪是测量风速的仪器，也能测量温度与湿度等气象数据。手持风速仪多制成小型袋装，使用、携带均非常方便。由于手持风速仪没有测量风向的功能，所以只能应用于事故现场部分区域。

4. 景像观察器材

常用的景像观察器材包括热成像仪、测距仪等。

（1）热成像仪。热成像仪能在黑暗、浓烟条件下观测火源，寻找被困人员，监测高温及余火。精度高的热成像仪能观测到油罐内的储量。

（2）测距仪。测距仪可以准确得到目标的距离，对指挥员的判断有很大的帮助。

5. 测温测电器材

常用的测温测电器材包括红外测温仪、交流电探测仪等。

（1）红外测温仪。红外测温仪可用于远距离、非接触测量火场上建筑物、受辐射的液化石油气储罐、油罐及其他化工装置等的温度。测温范围可从零下数十摄氏度到零上数千摄氏度。

（2）交流电探测仪。交流电探测仪主要用来探测事故现场垂落的电缆是否带电。

### 三、堵漏装备

堵漏装备按主体材质分为普通型堵漏装备和防爆型堵漏装备。普通型堵漏装备由不锈钢等材料制成，用于非易燃易爆泄漏场所；防爆型堵漏装备由铍、铝、铜等材料制成，用于易燃易爆泄漏场所。

常用的堵漏装备包括外封式堵漏袋、内封式堵漏袋、捆绑式堵漏带、磁压式堵漏器、粘贴式堵漏器、注入式堵漏器、套管式堵漏器、楔塞式堵漏工具。

1. 外封式堵漏袋

外封式堵漏袋用于堵塞管道、油罐车、桶与储罐等容器上的窄缝状裂口及孔洞，承受压为 1.5 bar（0.15 MPa），最大能堵 400 mm 左右的长裂缝。

2. 内封式堵漏袋

内封式堵漏袋用于管道的堵漏，可长时间固定于管道内不变形。一般适用于内径 5~1400 mm 的带有快速接头的输气管，短期耐热 90 ℃，长期耐热 85 ℃。

3. 捆绑式堵漏带

捆绑式堵漏带包括气压式捆绑式堵漏带和胶粘式捆绑式堵漏带。气压式捆绑式堵漏带用于 50~200 mm 以及 200~480 mm 直径的管道泄漏，但非断裂时堵漏使用。胶粘式捆绑式堵漏带是危险化学品管道泄漏专用的快速堵漏装备。

4. 磁压式堵漏器

磁压式堵漏器可用于大直径储罐和管线的堵漏。适用于中低压设备，适用温度<80 ℃；适用介质：水、油、气、酸、碱、盐等。

5. 粘贴式堵漏器

粘贴式堵漏器主要用于法兰、盘根、管壁、罐体、阀门等部位发生点状、线状和蜂窝状泄漏时堵漏。

### 6. 注入式堵漏器

注入式堵漏器主要用于法兰、阀芯等部位泄漏时的堵漏。适用于各种危险化学品如油品、液化气、可燃气。注入式堵漏器也分普通型与防爆型。

### 7. 套管式堵漏器

套管式堵漏器主要用于各种金属或非金属管道的孔、洞、裂缝的密封堵漏。

### 8. 楔塞式堵漏工具

楔塞式堵漏工具分为木楔与楔式气压袋两种。

木楔是一种最简单、最快速实用的堵漏工具。常见有 20 多件大小不同的圆锥形、斜楔形等形状木楔。多采用干燥无节疤木材，防裂处理。另加抗腐蚀纸布料、防水胶布、工具刀等形成完整的木楔堵漏工具。

楔式气压袋常称为泄漏密封枪。常见楔式气压袋有三种大小不同的楔形气袋和一个圆锥形袋。根据泄漏洞大小选择气袋，充气膨胀填塞漏洞完成堵漏工作。充气形式有脚踏泵或压缩二氧化碳气体。单人操作能迅速密封油罐车、液柜车或储罐的小孔。

## 四、灭火装备

消防装备主要包括灭火器、消防车、消防炮、消防泵等种类。

### 1. 灭火器

灭火器的种类很多，按移动方式分为手提式、推车式和投掷式；按驱动灭火剂的动力来源分为气瓶式、储压式、化学反应式；按所充装的灭火剂分为干粉灭火器、二氧化碳灭火器、泡沫灭火器、清水灭火器等。

（1）干粉灭火器。干粉灭火器用于扑救石油、石油产品、油漆、有机溶剂等易燃液体、可燃气体和电气设备的初起火灾。分为手提式和推车式。

（2）二氧化碳灭火器。二氧化碳灭火器适合扑救电器、珍贵设备、档案资料、仪器仪表等场所的初起火灾，但不能扑灭钾、钠等轻金属的火灾。用于扑救木柴等 A 类物质火灾，只能灭火焰，仍有复燃的危险。分为手提式和推车式。

（3）化学泡沫灭火器。化学泡沫灭火器按使用场合分为普通型和舟车型两种。普通型化学泡沫灭火器适用于扑救一般物质或油类等易燃液体的初起火灾，舟车型化学泡沫灭火器适用于车船上扑救各种油类和一般固体物质的火灾。化学泡沫灭火器不适用于扑救电器设备、有机溶剂和轻金属的火灾。分为手提式和推车式。

（4）清水灭火器。清水灭火器适合扑救竹、木、棉、毛、草、纸等 A 类物质的初起火灾，不适用于扑救油脂、石油产品、电器设备和轻金属的火灾。

2. 消防车

灭火消防车可喷射灭火剂，独立扑救火灾，包括泵浦消防车、水罐消防车、泡沫消防车、干粉消防车、二氧化碳消防车、登高平台消防车、云梯消防车、高喷消防车、涡喷消防车、三相射流消防车等。

（1）泵浦消防车。泵浦消防车装备有消防水泵和其他消防器材，可以将应急救援人员运到事故现场，利用消防栓或其他水源，直接进行扑救，也可用来向火场其他灭火设备供水。

（2）水罐消防车。水罐消防车适合扑救一般性火灾，是专职消防队常备的消防车辆。水罐消防车可将水和消防员输送至火场独立进行扑救火灾，也可以从水源吸水直接进行扑救，或向其他消防车和灭火设备供水，在缺水地区也可作为供水、输水用车。

（3）泡沫消防车。泡沫消防车特别适用于扑救油品火灾，也可以向火场供水和泡沫混合液，是公安消防队，石油化工企业、输油码头、机场等消防队必备的消防车辆。

（4）干粉消防车。干粉消防车主要用于扑救可燃和易燃液体、可燃气体、带电设备火灾，也可扑救一般物质火灾。对于大型化工管道火灾，扑救效果尤为显著，是石油化工企业常备的消防车辆。一般分为储气瓶式干粉消防车和燃气式干粉消防车。

（5）二氧化碳消防车。二氧化碳消防车主要用于扑救贵重设备、精密仪器、重要文物和图书档案等火灾，也可扑救一般物质火灾。

（6）登高平台消防车。登高平台消防车主要用于登高扑救高层建筑、高大设施、油罐等火灾，也用于营救被困人员、抢救贵重物资。

（7）云梯消防车。云梯消防车上设有伸缩式云梯，可带有升降斗转台及灭火装置，供消防员登高进行灭火和营救被困人员，适用于高层建筑火灾的扑救。云梯消防车分为直臂云梯消防车和曲臂云梯消防车。

（8）高喷消防车。高喷消防车装备有折叠、伸缩或组合式臂架、转台和灭火喷射装置，可在地面遥控操作臂架顶端的灭火喷射装置在空中向施救目标进行喷射扑救。

（9）涡喷消防车。涡喷消防车是将航空涡轮发动机作为喷射灭火剂动力的新型大功率高效能消防车，灭火能力比常规消防车高 8~10 倍，主要用于油田、炼厂、天然气泵站等危险化学品企业和机场等需要快速扑灭油气大火的场所。

（10）三相射流消防车。三相射流消防车也称多剂联用消防车，是一种高效、快速、环保、稳定及多功能的新型消防车。具有灭火剂用量少、灭火速度快、灭火效率高、灭火后抗复燃、节约环保等优势。可实现单相射流，喷一种灭火剂；也可双相射流，同时喷两种灭火剂；又可三相射流，同时喷三种灭火剂，具有全方位、广谱灭火效应，可扑灭 A 类、B 类、C 类、D 类、E 类火灾。主要用于高层建筑、石油、天然气、石油化工、煤化工、油罐、仓库等高大建筑物以及隧道的火灾扑救。

3. 消防炮

消防炮是远距离扑救火灾的消防设备。按启动方式分为远控消防炮和手动消防炮，按应用方式分为移动式消防炮和固定式消防炮，按喷射介质分为水炮、泡沫炮和干粉炮，按驱动动力装置分为气控炮、液控炮和电控炮。

远控消防炮特别适用于有爆炸危险性的场所、有大量有毒有害气体产生的场所、高度超过 8 m 且火灾危险性较大的室内场所。

移动消防炮具有机动、灵活的特点，可进入消防车无法靠近的场所，近距离灭火；固定炮具有不需敷设消防带、灭火剂喷射迅速、可减少操作人员数量和减轻操作强度的特点。

水炮适用于扑救一般固体物质火灾，泡沫炮适用于扑救甲类、乙类、丙类液体火灾，干粉炮适用于扑救液化石油气、天然气等可燃气体火灾。

4. 消防泵

消防泵主要用于消防系统增压送水，可输送不含固体颗粒的清水及理化性质类似于水的液体。按照工作压力分为低压、中低压、高低压消防泵；按照工作原理分为离心泵、水环泵；按照使用状态分为固定消防泵、手抬机动消防泵、卧式消防泵、立式消防泵等；按照动力提供方式分为汽油机消防泵、柴油机消防泵、电动消防泵。

**五、医疗救护装备**

医疗救护装备指对事故现场伤员进行现场急救、转移的专业工具，主要包括救护车、自动呼吸复苏器、担架、夹板等。

1. 救护车

救护车分为普通救护车和 ICU（Intensive Care Unit）救护车。

普通救护车配有心脏起搏器、输液器、氧气袋等设备，也配有一些急救药品，可以对受伤人员进行紧急处置后，再转移到医院进行正规治疗。

ICU 救护车上的医疗配备相当于一个小型的 ICU 病房和小型手术室。氧气、吸引器、心脏起搏器、呼吸机、全套监护器、药品器材、手术器械等一应俱全，万无一失。在危险化学品事故发生时，第一时间内现场死亡人数最多。创建流动便携式 ICU 病房能有效降低危险化学品事故伤员的死亡率和伤残率。

2. 自动呼吸复苏器

自动呼吸复苏器用于对丧失自主呼吸能力的伤员或呼吸困难人员进行供氧。自动呼吸复苏器由 200 bar 的氧气瓶供氧。由一个自动呼吸阀给丧失自主呼吸能力的伤员进行供氧，同时又可以用手动气囊给伤员直接压入输送气体，还配有单向阀口对口吹气，3 种不同方式的紧急心肺复苏方法。还有启口锥、压舌板、吸痰器等必要的配套辅件。

3. 担架

担架是运送伤员最常用的工具。担架的种类很多，目前常见的有帆布（软）担架、铲式担架、折叠担架椅、吊装担架、充气式担架、带轮式担架、救护车担架及自动上车担架等。

帆布（软）担架仅适用于一些神志清楚的轻症患者，对重症、外伤骨折尤其脊柱伤的病人不适用，对昏迷或呼吸困难的病人不利于保持气道通畅，也不适用；折叠担架椅适用于狭窄的走廊、电梯间和旋转楼梯搬运伤员，但对危重病人、外伤病人不适宜；充气式担架有利于远距离转运伤病员；铲式担架适合在各种急救现场、狭小楼道救护和转送各种伤病员。

4. 夹板

夹板主要用于对受伤部位进行固定。夹板的种类很多，有高分子夹板、组合夹板、多能关节夹板、四肢充气夹板、真空夹板等多种类型。

## 六、通信装备

通信装备在突发事件时为应急指挥、应急救援提供通信保障。通常分为一般通信和应急指挥通信。

1. 一般通信设备

一般通信设备是指企业日常使用的通信系统或网络，包括有线电话、对接机群、移动电话等。

2. 应急指挥通信设备

应急指挥通信设备指在突发事件时可利用的通信系统或网络，即使原有通信系统被破坏时，依然可以实现不同部门以及现场的通信联络。应急指挥通信设备包括集群/对讲通信设备、宽带无线数据通信设备、图像采集传输设备、VSAT 卫星通信设备、BGAN 卫星通信设备、卫星电话、短波电台等。

目前主要是通过应急指挥车在事故现场搭建通信网络，实现语音、数据、图像传输，为应急指挥提供通信保障。

## 七、排烟装备

排烟装备主要用于将泄漏危险化学品浓度较高、积聚的地方进行空气稀释吹散，或在密闭空间抽排，增加新鲜空气。通常分为排烟机和排烟车。

1. 排烟机

常用的排烟机包括水驱动排烟机、机动排烟机、电动排烟机、小型坑道排烟机。

（1）水驱动排烟机。主要用于把新鲜空气吹进建筑物内，排出火场烟雾。也可吹散积聚的毒气。水驱动排烟机利用高压水作动力，驱动水动马达运转，带动风扇，因此现场没有动力或电机产生火花。是易燃易爆场所抢险救援较理想的装备。

（2）机动排烟机。机动排烟机是利用动力机驱动风扇，高速运转产生气流。由于动力为内燃机，易燃易爆场所抢险救援需谨慎使用。机动排烟机优点是转速高，排烟量大。

（3）电动排烟机。电动排烟机是利用电动机驱动风扇，高速运转产生气流。由于动力为电动机，若非采用防爆电机，易燃易爆场所抢险救援需谨慎使用。电动排烟机优点是可双向抽排烟，应用较为灵活，甚至可叠加使用。电动排烟机分为交流电式和直流电式。直流电式电动排烟机移动更方便快捷，适合现场无法供电场所。

（4）小型坑道排烟机。小型坑道排烟机主要是针对密闭空间抽排毒气，或输送新鲜空气到密闭空间内。多采用电动机为动力，也有采用内燃机为动力，但其结构为90°转向抽排空气，不会将动力机废气吹到密闭空间内。有防爆与非防爆两种选择。

2. 排烟车

排烟车上装备风机、导风管，用于火场排烟或强制通风，以便使消防队员进入着火建筑物内进行灭火和营救工作。特别适宜于扑救地下建筑和仓库等场所火灾时使用。

## 八、照明装备

照明装备指用于提高现场光照亮度的设备，包括大面积与个人小范围使用的照明设备。按性能分为普通型、防水型、防爆型，按携带方式分为个人携带式、移动式和车载式（照明车），个人携带式又分为手握式和头盔式等；按动力能量分为蓄电式与电机式，蓄电式又分为可充电（锂电池、镍氢电池、铅酸电池）与不可充电（干电池）。

1. 个人携带式照明设备

个人携带式照明设备包括手握式电筒、头盔式电筒、手提式强光照明灯、便携式探照灯等。

手握式电筒、头盔式电筒、手提式强光照明灯适用于小范围照明；便携式探照灯是一种远距离的射灯，可以适距离照明达 1 km 之远，既可解决现场照明，又能解决夜间大面积搜索观察需要的照明。

2. 移动式照明设备

移动式照明设备包括气动升降照明灯、充气照明灯柱、逃生导向照明线等。

气动升降照明灯是目前较多应急队伍选择配备的照明设备。充气照明灯柱适合用于户外应急救援大面积照明；逃生导向照明线主要用于浓烟、无照明场所以及水下作业，也可在有毒及易燃易爆气体的环境使用。

3. 照明车

照明车上主要装备发电、发电机、固定升降照明塔、移动灯具以及通信器材。为夜间或缺乏电源的应急救援工作提供照明与电力。

## 九、洗消装备

洗消装备主要用于化学事故应急救援后救援人员、装备、地面和服装的洗消以及危险化学品废液的收集、输转、废置。

1. 洗消设备

常用的洗消设备包括洗消站、大型公众洗消设备、个人洗消帐篷、移动洗消装备等。

（1）洗消站。洗消站主要在消毒对象数量大、消毒任务繁重时采用。一般由人员洗消场和装备洗消场两部分组成，并根据地形条件及洗消站可占用的面积划定污染区和洁净区，污染区应位于下风方向。洗消站的位置一般应设在便于污染对象到达的非污染地点，并尽可能靠近水源，洗消场地可在应急准备阶段构筑完成。可按照任务量及洗消对象的情况，全面启动或部分启动。应在被污染对象进入处设置检查点，确定前来的对象有无洗消的必要或指出洗消的重点部位。

（2）大型公众洗消设备。大型公众洗消设备主要用于危险化学品事故救援中受污染人员的洗消。以大型公众洗消帐篷为主，配置相关洗消器材。大型公众洗消帐篷面积为 60 m² 左右。可选择支架或充气式帐篷。相关洗消器材设备有：电动充、排气泵，洗消供水泵，洗消排污泵，洗消水加热器，暖风发生器，温控仪，洗消喷淋器，洗消液均混罐，移动式高压洗消泵，洗消喷枪，洗消废水回收袋。

（3）个人洗消帐篷。个人洗消帐篷主要用于事故现场少量受污染人员的洗消。一般采用充气式帐篷较多。内有喷淋装置、洗消槽底板、充气泵、供水管和排水管、废水收集袋等。

（4）移动洗消装备。根据危险化学品的性质选定了洗消剂后，洗消人员要用一定的移动洗消装备将洗消剂运到染毒区域并进行洗消操作。这些移动洗消器材因所需消毒范围大小的不同以及所用消毒剂量多少的差异，可选用各种形式的器材，如水罐消防车、泡沫消防车、喷洒车、洒水车和喷雾器等。

2. 输转装备

常用的输转装备包括有毒物质密封桶、液体抽吸泵、液体吸附/吸收垫等。

（1）有毒物质密封桶。有毒物质密封桶主要用于收集并转运有毒物质和污染严重的土壤。密封桶一般用高分子材料制成，防酸碱，耐高温。

（2）液体抽吸泵。液体抽吸泵用于快速抽取各种液体，特别是黏稠、有毒液体，如柴油、机油、废水、泥浆、液态危险化学品、放射性废料等。能吸净地上的化学液体或污水，有效防止污染扩散。

（3）液体吸附/吸收垫。液体吸附/吸收垫可快速有效地吸附或吸收液体泄漏物。

## 十、警戒装备

警戒装备主要用来圈划危险区域或安全区域，指引各个部门和人员的工作位置与进出方向，避免造成混乱。常用的警戒装备包括警戒标志杆、警戒带、警戒灯、警示牌、警戒桶等。

## 十一、破拆装备

破拆装备指救援人员在执行如救人、灭火、排险等任务时必须强行破坏某些装置的结构所使用的工具、设备。破拆工具分为手工破拆工具、动力破拆工具和化学破拆工具三大类。

1. 手工破拆工具

手工破拆工具包括多功能消防斧、铁铤和无火花防爆工具。

多功能消防斧分为单件式与组合式两种。单件式多功能消防斧为整体钢板压制而成，具有砍、撬、锯、旋、铲、凿等功能；组合式多功能消防斧为多件头组合，用于破拆建筑构件、砖木结构、破墙凿洞、挖掘砖墙等。

铁铤主要用于破拆门窗、地板、吊顶、隔墙以及开启消火栓等，寒冷地区也可用其破冰取水。

无火花防爆工具采用铍、铝、铜制作，用于易燃易爆环境。

2. 动力破拆工具

动力破拆工具包括锯、气动切割刀、气动破拆工具组、液压剪扩两用钳

锯包括电动往复锯、无齿锯、机动链锯、双轮异向切割锯。电动往复锯是破拆首选快速切割器材，用于切割金属、玻璃、木质、塑质和石材等材料；无齿锯用于切断金属阻拦物、切割混凝土或木料；机动链锯用于切割各类木质结构；双轮异向切割锯能快速切割各种材料。

气动切割刀用于切割薄壁、车辆金属和玻璃等。

气动破拆工具组主要用于凿门、交通事故救援、飞机破拆、防盗门破拆、船舱甲板破拆、混凝土开凿等。

液压剪扩两用钳是液压破拆工具中一把综合功能的剪钳，用于剪切、扩张、牵拉等。与液压动力泵配合，可进行剪、扩、拉等作业。

3. 化学破拆工具

常用的化学破拆工具包括氧气切割器、丙烷气体切割器。

氧气切割器用于刺穿、切割、开凿等烧割破拆。氧气切割器切割温度达5500 ℃，能熔化大部分物质，对生铁、不锈钢、混凝土、花岗石快速有效。

丙烷气体切割器用于较坚固及不易为手锯、电锯破拆的金属结构障碍物，如金属门、窗、构件，车船外壳，金属管道等。丙烷气体切割器切割厚度可达13 cm，也用于焊接。

## 十二、救生装备

救生装备是指救援人员在灾害现场中营救被困人员或自救的工具。救生装备种类较多，主要有气垫类救生装备、绳索吊带类救生装备和牵引撑杆类救生装备。

1. 气垫类救生装备

气垫类救生装备包括救生气垫和起重气垫。

救生气垫用于保护逃生人员由高处坠落时不会直接与地面撞击。起重气垫用于升举扶正倒翻车辆或提升重物等。

2. 绳索吊带类救生装备

绳索吊带类救生装备包括救生绳和防坠落用品，与安全生产中的防坠落保护与攀岩运动保护器材相通用或几乎相近。常见防坠落用品包括安全带、安全

网、安全绳、脚扣、缓冲器、自锁钩、攀登挂钩、安全吊带等。

3. 牵引撑杆类救生装备

牵引撑杆类救生装备包括牵引机、撑杆和开缝器。

牵引机用于将重物拉动，平移或提升。撑杆用于撑开、顶升障碍重物的支撑。开缝器应用在仅有小缝隙但要提升重物的场合。

## 十三、攀登装备

攀登装备是在没有现成的登高装置时临时设立的简易登高辅助设备。救援人员利用这些装备可以快速架设、移动、攀爬，很快进入更高的位置。

攀登装备包括单杠梯、挂钩梯、二节拉梯、三节拉梯、救生软梯、套管式折叠梯等，使用时应根据攀登高度、险情类型选用合适的攀登装备。

## 十四、其他特殊装备

1. 机器人

机器人能代替救援人员进入易燃易爆、有毒、缺氧、浓烟等危险场所进行数据采集、处理、反馈，有效地解决应急人员在上述场所面临的人身安全、数据信息采集不足等问题。现场指挥人员可以根据其反馈结果，及时对灾情作出科学判断，并对事故现场处置作出正确、合理的决策。

机器人按功能分为灭火机器人、火场侦察机器人、危险物品泄漏探测机器人、破拆机器人、救人机器人、多功能消防机器人等。

机器人具有无生命损伤、可重复使用、人工智能等优点，但维护保养复杂、造价高昂，使其不能大量配备、广泛使用。

2. 无人机

近年来，无人机在重大危险化学品事故中的应用越来越广泛，主要应用在事故侦检、空中监测、辅助消防等方面。

无人机通过先进的飞控系统、数据链系统，实现对事故现场进行持续空中侦查、监控，有效解决了应急人员在危险化学品事故场所面临的人身安全、数据采集量少、侦检时间不足和难以实时反馈信息等问题。

3. 专勤消防车

专勤消防车指具备某专项技术的消防车，包括抢险救援消防车、防化洗消车、供水消防车、供液消防车、消防坦克、器材消防车等。

（1）抢险救援消防车。抢险救援车上装备各种应急侦检探测仪器、救生救护器材、防护设备、破拆工具等，更高级的有起重吊臂、牵引机、发电机和照明柱等。一辆多功能抢险救援车能完成常见的应急救援工作。

（2）防化洗消车。防化洗消车专门针对危险化学品事故处置配备了常用的器材，如侦检探测仪器、空（氧）气呼吸器、排烟机、洗消帐篷、大小照明器材等，功能齐全、专业性强。

（3）供水消防车。供水消防车上装有大容量的贮水罐，还配有消防水泵系统，作为火场供水的后援车辆，特别适用于干旱缺水地区。它也具有一般水罐消防车的功能。

（4）供液消防车。供液消防车是专给火场输送补给泡沫液的后援车辆，车上的主要装备是泡沫液罐及泡沫液泵装置，用来存放、输送泡沫液。

（5）消防坦克。消防坦克由军用坦克改装，具有防火、防暴、防毒、清障等突出特点，多用于危险化学品泄漏、大规模严重火灾等重大险情。

（6）器材消防车。器材消防车用于将消防吸水管、消防水带、接口、破拆工具、救生器材等各类消防器材及配件运送到事故现场。

4. 重型车辆

危险化学品事故应急救援中可能用到的重型车辆包括反向铲、装载机、车载升降台、翻卸车、推土机、起重机、叉车、挖掘机、槽罐车等。

5. 船舶

船舶主要用于水上危险化学品事故的应急救援，包括消防船、消拖两用船、应急守护船、溢油回收船、破冰船、拖船、起重船、多用途工作船等。

## 第二节　危险化学品企业应急救援装备配备

我国法规标准对危险化学品企业的应急救援装备配备提出明确要求。由于生产经营活动及事故风险存在众多差异，法规标准的要求对众多危险化学品企业来说只是一个最低要求，危险化学品企业在做到合法合规的前提下，还应在安全评价、风险评估、情景构建的基础上，找寻本企业潜在的巨灾或最坏事故情景，并提前规划应对需要的应急救援装备，有条件的应自己配备，没有条件的应调查清楚从哪些途径可以获取相应的应急救援装备，并提前做好沟通，确保紧急情况时能快速到达事故现场。

近年来，我国应急产业迅猛发展，一些先进的、多功能的应急救援装备如无人机、机器人等在重大危险化学品事故的应急处置与救援中发挥着越来越重要的作用。提高救援效率的同时，也解决了应急救援人员身邻险境的问题。但法规标准的更新却落后于应急救援装备的发展。危险化学品企业应关注应急市场，加大新型应急救援装备配备力度，提高应对危险化学品事故的能力。

**一、相关法规要求**

1. 《中华人民共和国安全生产法》

《中华人民共和国安全生产法》（2014）中明确规定：危险物品的生产、经营、储存、运输单位以及矿山、金属冶炼、城市轨道交通运营、建筑施工单位应当配备必要的应急救援器材、设备和物资，并进行经常性维护、保养，保证正常运转（第七十九条中）。

2. 《危险化学品安全管理条例》

《危险化学品安全管理条例》（国务院令第 591 号）对危险化学品企业、运输工具、作业场所配备应急救援装备提出了明确要求。

（1）运输危险化学品，应当根据危险化学品的危险特性采取相应的安全防护措施，并配备必要的防护用品和应急救援器材（第四十五条中）。

（2）通过内河运输危险化学品，应当使用依法取得危险货物适装证书的运输船舶。水路运输企业应当针对所运输的危险化学品的危险特性，制定运输船舶危险化学品事故应急救援预案，并为运输船舶配备充足、有效的应急救援器材和设备（第五十七条中）。

（3）用于危险化学品运输作业的内河码头、泊位应当符合国家有关安全规范，与饮用水取水口保持国家规定的距离。有关管理单位应当制定码头、泊位危险化学品事故应急预案，并为码头、泊位配备充足、有效的应急救援器材和设备（第五十九条中）。

（4）危险化学品单位应当制定本单位危险化学品事故应急预案，配备应急救援人员和必要的应急救援器材、设备，并定期组织应急救援演练（第七十条中）。

3. 《生产安全事故应急条例》

《生产安全事故应急条例》（国务院令第 708 号）中规定：易燃易爆物品、危险化学品等危险物品的生产、经营、储存、运输单位，矿山、金属冶炼、城市轨道交通运营、建筑施工单位，以及宾馆、商场、娱乐场所、旅游景区等人员密集场所经营单位，应当根据本单位可能发生的生产安全事故的特点和危害，配备必要的灭火、排水、通风以及危险物品稀释、掩埋、收集等应急救援器材、设备和物资，并进行经常性维护、保养，保证正常运转（第十三条中）。

4. 《使用有毒物品作业场所劳动保护条例》

《使用有毒物品作业场所劳动保护条例》（国务院令第 352 号）规定：从事使用高毒物品作业的用人单位，应当配备应急救援人员和必要的应急救援器材、设备，制定事故应急救援预案，并根据实际情况变化对应急救援预案适时进行修订，定期组织演练（第十六条中）。

**二、相关标准要求**

国家标准、行业标准、地方标准对危险化学品企业应急救援装备配备都提出了具体要求。

1. 《危险化学品单位应急救援物资配备要求》

《危险化学品单位应急救援物资配备要求》（GB 30077—2013）规定了危险化学品生产和储存单位应急救援物资的配备原则、总体配备要求、作业场所配备要求、企业应急救援队伍配备要求、其他配备要求和管理维护。对作业场所应急救援物资配备的种类和数量提出明确要求。按照企业规模、危险化学品重大危险源级别将危险化学品单位分为 3 类，详细列出了 3 类单位企业应急救援队伍应配备的应急救援物资种类、技术性能、数量等。

2. 《消防应急救援装备配备指南》

消防应急救援装备配备指南（GB/T 29178—2012）规定了公安消防队和企业专职消防队消防应急救援装备的配备原则和配备要求。针对危险化学品事故、泥石流、水上事故等不同灾害种类，列出了应配备的消防应急救援车辆、防护、侦检、救生、警戒、破拆、堵漏、输转、洗消、照明、送风、排烟、通信等类装备的具体种类，并对典型灾害事故配备消防直升机、消防机器人等先进、特种设备提出了要求。

3. 《港口码头溢油应急设备配备要求》

港口码头溢油应急设备配备要求（JTT 451—2009）规定了港口各类码头的等级划分、溢油应急设备的配备原则、配备数量和种类、配备要求和管理。对海港装卸油品码头、河港装卸油品码头、海港其他码头、河港其他码头应配备的溢油应急设备种类和数量提出了具体要求。

4. 《化工园区（集中区）应急救援物资配备要求》

化工园区（集中区）应急救援物资配备要求（DB32/T 2915—2016，江苏省质量技术监督局发布）规定了化工园区应急救援物资的配备原则、总体配备要求、化工园区消防站和气体防护站（以下简称气防站）及化工园区内企业应急救援物资配备要求。

# 参 考 文 献

［1］中华人民共和国突发事件应对法（主席令第六十九号）.

［2］2008 年突发公共事件应对工作评估报告［R］.

［3］2009 年全国安全生产应急管理工作要点［R］.

［4］生产安全事故报告和调查处理条例（国务院令第 493 号）

［5］国家安全生产应急救援指挥中心. AQ/T 9002—2006　生产经营单位安全生产事故应急预案编制导则［S］. 北京：煤炭工业出版社，2006.

［6］胡志鹏，向群. 我国危险化学品安全生产情况综述［J］. 上海化工，2006，（6）：33-35.

［7］蒋军成，虞汉华. 危险化学品安全技术与管理［M］. 北京：化学工业出版社，2005.

［8］吴明福. 剧毒化学品安全管理［J］. 安全生产与监督，2007，（1）：26-29.

［9］奚旦立，主编. 突发性污染事件应急处置工程［M］. 北京：化学工业出版社，2009.

［10］肖玉刚. 剧毒化学品的安全使用［J］. 劳动保护，2006，（2）：87-88.

［11］袁纪武. 我国化学事故应急救援的发展和现状［J］. 安全、健康和环境，2003，3（10）：33-34.

［12］张宏哲，赵永华，姜春明，张海峰. 有毒化学品事故安全区域的划分及人员疏散［J］. 中国安全科学学报，2008，18（1）：46-49.

［13］陈海群，王凯金，等. 危险化学品事故处理与应急预案［M］. 北京：中国石化出版社，2005.

［14］崔克清. 危险化学品安全总论［M］. 北京：化学工业出版社，2005.

［15］佴士勇，宋文华，白茹. 浅析危险化学品分类［J］. 安全与环境工程，2006，13（4）：35-38.

［16］顾林生，陈小丽. 全国应急管理体系构建及今后的发展重点［J］. 中国公共安全，2006.

［17］张荣. 危险化学品安全技术［M］. 北京：化学工业出版社，2005.

［18］中国 21 世纪议程管理中心，环境无害化技术转移中心. 化学工业区应急响应系统指南［M］. 北京：化学工业出版社，2006.

［19］《应急救援系列丛书》编委会. 危险化学品应急救援必读［M］. 北京：中国石化出版社，2007.

［20］范文强，郑瑞文. 危险品物流消防安全［M］. 北京：中国石化出版社，2008.

［21］景晓燕，肖春红，张密林. 绿色清洁灭火剂的研究现状［J］. 应用科技，2001，28（1）：37-40.

［22］刘江虹，金翔，黄鑫. 哈龙替代技术的现状分析与展望［J］. 火灾科学，2005，14（3）：160-166.

［23］刘玉恒，金洪斌，叶宏烈．我国灭火剂的发展历史与现状［J］．消防科学与技术，2005，（1）：82-87.

［24］潘仁明，周晓猛，刘玉海．"哈龙"替代物的现状和发展趋势［J］．爆破器材，2001，30（4）：30-34.

［25］宋占兵，张孝君，喻健良，等．灭火剂发展现状与未来［J］．化学工业与工程技术，2001，22（3）：7-11.

［26］谈龙妹，俞雪兴，肖安山，等．泡沫灭火剂在我国石化行业中的应用［J］，安全健康和环境，2008，8（1）：4-6.

［27］邢军，杜志明，阿苏娜．气溶胶灭火剂的研究进展［J］．材料导报，2008，22（9）：69-76.

［28］徐晓楠．水系灭火剂及在我国的研究现状［J］．消防技术与产品信息，2003，（9）：10-13.

［29］赵德君，刘征．成膜类氟蛋白泡沫灭火剂特性及其市场优势［J］．消防技术与产品信息，2003，（1）：65-67.

［30］郑瑞文，刘海辰．消防安全技术［M］．北京：化学工业出版社，2004.

［31］郑瑞文．危险品防火［M］．北京：化学工业出版社，2003.

［32］杨杰．灭火气溶胶发生剂灭火机理及配方设计［J］．火炸药学报，2003，26（4）：84-86.

［33］段耀勇．21世纪初中国消防技术发展战略研究［J］．中国科技论坛，2005，（3）：24-28.

［34］张海峰，曹永友．常用危险化学品应急速查手册（第二版）［M］．北京：中国石化出版社，2009.

［35］U. S. Department of Transportation Research and Special Programs Administration，Transport Canada Safety and Security Dangerous Goods，secretariat of Transport and Communications. 2008 Emergency Response Guidebook［M］.An American Labelmark Company 5724 N. Pulaski Road，Chicago，IL60646-6797，2008.

［36］W. Unterberg，R. W. Melvold，S. L. David，F. J. Stephens，F. G. Bush III. how to respond to hazardous chemical spills［M］.NOYES DATA CORPORATION，Park Ridge，New Jersey，U. S. A，1988.

［37］陈家强．危险化学品泄漏事故及其处置［J］．消防技术与产品信息，2004，（12）：3-6.

［38］国家环境保护总局环境监察局．环境应急响应实用手册［M］．北京：中国环境科学出版社，2007.

［39］胡忆沩，杨世儒．堵漏技术［M］．北京：化学工业出版社，2003.

［40］胡忆沩．危险化学品应急处置［M］．北京：化学工业出版社，2009.

[41] 姜春明，张宏哲，张海峰，等. 功能性多孔炭材料在突发环境污染事故中的应用 [J]. 新型炭材料，2007，22（4）：295-301.

[42] 全国消防标准化技术委员会. 美国消防协会危险品事件处置标准汇编 [M]. 北京，2003.

[43] 王完清. 常见危险化学品泄漏处置方法研究. 山西焦煤科技 [J]，2005，（11）：35-36.

[44] 张海峰. 常用危险化学品应急速查手册 [M]. 北京：中国石化出版社，2006.

[45] 张宏哲，赵永华，姜春明，等. 危险化学品泄漏事故应急处置技术研究 [J]. 安全健康和环境，2008，（6）：2-4.

[46] 赵冬至，张存智，徐恒振. 海洋溢油灾害应急响应技术研究 [M]. 北京：海洋出版社，2006.

[47] 孙玉叶，夏登友. 危险化学品事故应急救援与处置 [M]. 北京：化学工业出版社，2008.

[48] 北京化工研究院环境保护所. 国际化学品安全卡 [EB/OL]. http：//www. brici. ac. cn/icsc/.

[49] 董希琳. 常见有毒化学品泄漏事故模型及救援警戒区的确定 [J]. 武警学院学报，2001（12），25-28.

[50] 金泰廙. 职业卫生与职业医学（第5版）[M]. 北京：人民卫生出版社，2006.

[51] 美国国立医学图书馆. the Wireless Information System for Emergency Responders，WISER. 2008.

[52] 上海市化工职业防治院. 化救通2 [DB]. 2006.

[53] 王自齐. 化学事故与应急救援 [M]. 北京：化学工业出版社，2004.

[54] 北京市环境保护科学研究所. 大气污染防治手册 [M]. 上海：上海科学出版社，1990.

[55] 陈明川. 一起氯气泄漏的应急处置及现场救护 [J]. 职业与健康，2007，23（23）：2135-2139.

[56] 陈顺杭. 水上危险化学品泄漏应急处置决策技术研究 [D]. 大连：大连理工大学，2007.

[57] 陈素英. 硫酸生产中可能出现的事故预防及应急措施 [J]. 化学工业，2008，5：89-90.

[58] 陈习文，金平. 液氨汽车罐车泄漏事故应急处置及事故应急工作的思考 [J]. 中国特种设备安全，2008，23（10）：63-64.

[59] 傅桃生. 突发性环境污染事故应急监测与处理处置技术及500典型案例分析 [M]. 北京：中国环境科学出版社，2006.

[60] 黄振芳. 突发性水污染事故的应急处置措施 [J]. 环境化学. 2007，12（5）：15-18.

［61］林运鑫，刘琼，王栋武．浅议氰化物泄漏事故的救援对策［J］．消防科学与技术，2006，24：85-86.

［62］潘春龙．浅谈突发性污染事故的应急监测［J］．泰州科技，2005，(7)：22-25.

［63］尚琪．关于广东北江水污染应急处理方法的思考［J］．国际技术经济研究，2006，9(2)：49-52.

［64］孙道兴．化工过程安全技术［J］．青岛科技大学学报，2006，(5)：22-25.

［65］唐丰．硫化氢危害的安全防范与应急措施［J］．福建省劳动保护科学研究所，2008，(2)：43-45.

［66］陶有胜，郑天凌．饮用水源微污染应急处理技术［J］．福建环境，2000，17(2)：20-23.

［67］万本太．突发性环境污染事故应急监测与处理处置技术［M］．北京：中国环境科学出版社，1995.

［68］汪志国，曹勤．浅谈水污染事故的应急监测［J］．中国环境监测，2008，24(1)：29-32.

［69］王福进．重大水污染事件预警与应急技术［J］．山西建筑，2007，33(34)：191-195.

［70］王雪峰．危险化学品道路运输泄漏事故的处置［J］．安全技术，2006，(5)：1058-1062.

［71］咸阳市环保局主编．突发环境污染处置应急手册［M］．咸阳：陕西出版社，2009.

［72］俞志明．新编危险化学品安全手册［M］．北京：化学工业出版社，2001.

［73］张勇．突发性水污染事故应急监测浅谈［J］．中国环境科学学会学术年会优秀论文集，2006，1622-1625.

［74］朱玉萍，巨登三，曹晓云，等．黄河兰州段突发水污染事件应急监测探讨［J］．甘肃水利水电技术，2008，44(1)：22-24.

［75］《应急救援系列丛书》编委会．危险化学品应急救援必读［M］．北京：中国石化出版社，2008.

［76］《应急救援系列丛书》编委会．应急救援装备选择与使用［M］．北京：中国石化出版社，2008.

［77］公安部消防局．GA 621—2006　消防员个人防护装备配备标准［S］．北京：中国标准出版社，2006.

［78］公安部消防局．GA 622—2006　消防特勤队(站)装备配备标准［S］．北京：中国标准出版社，2006.

［79］李国刚．环境化学污染事故应急监测技术与装备［M］．北京：化学工程出版社，2005.

［80］邢娟娟，陈江．劳动防护用品与应急防护装备实用手册［M］．北京：航空工业出版

社，2007.

[81] 和丽秋，李刚．危险化学品灾害事故中的洗消 [J]．云南消防，2003，(12)：54-55.

[82] 黄金印．氰化物泄漏事故洗消剂的选择与应急救援对策 [J]．消防科学与技术，2004，(2) 191-195.

[83] 孙维生，胡建屏，胡忆沩．化学事故应急救援 [M]．北京：化学工业出版社，2008.

[84] 王媛原，王炳强，普海云．化学事故处置中的洗消现状及发展 [J]．化学教育，2008，(2)：6-9.

[85] "十一五" 国家科技攻关课题 "突发公共事件预测预警与智能决策技术研究（化学品部分）" 技术研究报告 [R]．2009.

[86] [美] 克劳尔（Crowl D. A.），卢瓦尔（Louvar J. F.）．化学过程安全理论及应用（第二版）[M]．蒋军成，潘旭海，译．北京：化学工业出版社，2006.

[87] 范维澄，袁宏永．我国应急平台建设现状分析及对策 [J]．信息化建设，2006，9：14-17.

[88] 化工部劳动保护研究所．"八五" 国家科技攻关课题 "重要毒物泄漏扩散模型和监测技术研究" 研究报告 [R]．1995.

[89] 霍然，袁宏永．性能化建筑防火分析与设计 [M]．安徽：安徽科学技术出版社，2003.

[90] 寇有观，苏国平．应急信息系统总体框架研究：中国地理信息系统第三次代表大会暨第七届年会 [C]．2003，11：611-613.

[91] 刘斌，辛海强．省级应急平台体系建设探讨 [J]．地理信息世界，2007，1：27-31.

[92] 王福军．计算流体动力学分析——CFD 软件原理与应用 [M]．北京：清华大学出版社，2004.

[93] 王伟中，郭日生，黄晶，等．化学工业区应急响应系统指南 [M]．北京：化学工业出版社，2006.

[94] 谢旭阳，云峰．应急管理信息系统总体架构探讨 [J]．中国安全生产科学技术，2006，2 (6)：27-30.

[95] 翟良云，赵祥迪，袁纪武，等．石化行业控制室承爆风险评估方法研究 [J]．中国安全生产科学技术，2009，19 (6)：129-134.

[96] 张佰成，谭伟贤．城市应急联动系统建设与应用 [M]．北京：科学出版社，2005.

[97]《国内外危险化学品重特大典型事故案例》编委会．国内外危险化学品重特大典型事故案例 [M]．北京：国家安全生产监督管理局，2002.

[98]《应急救援系列丛书》编委会．应急救援案例精选与点评 [M]．北京：中国石化出版社，2008.

[99] 王一镗，茅志成．现场急救常用技术（第 2 版）[M]．北京：中国医药科技出版社，2006.

［100］岳茂兴．灾害事故现场急救［M］．北京：化学工业出版社，2006.

［101］IPCS INCHEM：国际化学品安全规划机构化学品安全与环境管理数据库．加拿大职业健康和安全中心，CCOHS. http：//www. inchem. org.

［102］陈晓松，刘建华．现场急救学［M］．北京：人民卫生出版社，2009.

［103］席彪．急诊急救指导手册［M］．北京：中国协和医大出版社，2008.

［104］中华人民共和国公安部消防局，国家化学品登记注册中心．危险化学品应急处置速查手册［M］．北京：中国人事出版社，2002.

［105］朱易峰，蔡喜洋．无人机在危化品事故应急救援的应用研究［J］．技术应用与研究，2018，(9)：103-104.

**图书在版编目（CIP）数据**

危险化学品事故应急处置与救援 / 应急管理部化学品
登记中心编 . -- 北京：应急管理出版社，2020
（危险化学品企业应急能力建设系列）
ISBN 978-7-5020-8053-2

Ⅰ. ①危… Ⅱ. ①应… Ⅲ. ①化工产品—危险物品管
理 Ⅳ. ①TQ086.5

中国版本图书馆 CIP 数据核字（2020）第 059842 号

**危险化学品事故应急处置与救援**
（危险化学品企业应急能力建设系列）

| | |
|---|---|
| 编　　者 | 应急管理部化学品登记中心 |
| 责任编辑 | 唐小磊　田　园 |
| 责任校对 | 李新荣 |
| 封面设计 | 罗针盘 |

| | |
|---|---|
| 出版发行 | 应急管理出版社（北京市朝阳区芍药居 35 号　100029） |
| 电　　话 | 010-84657898（总编室）　010-84657880（读者服务部） |
| 网　　址 | www.cciph.com.cn |
| 印　　刷 | 海森印刷（天津）有限公司 |
| 经　　销 | 全国新华书店 |

| | |
|---|---|
| 开　　本 | 710mm×1000mm$^1/_{16}$　印张　13$^3/_4$　字数　220 千字 |
| 版　　次 | 2020 年 5 月第 1 版　2020 年 5 月第 1 次印刷 |
| 社内编号 | 20200308　　　　　　定价　59.00 元 |